Sitzungsberichte der Heidelberger Akademie der Wissenschaften

Mathematisch-naturwissenschaftliche Klasse

Die Jahrgänge bis 1921 einschließlich erschienen im Verlag von Carl Winter, Universitätsbuchhandlung in Heidelberg, die Jahrgänge 1922—1933 im Verlag Walter de Gruyter & Co. in Berlin, die Jahrgänge 1934—1944 bei der Weiß'schen Universitätsbuchhandlung in Heidelberg. 1945, 1946 und 1947 sind keine Sitzungsberichte erschienen.

Ab Jahrgang 1948 erscheinen die „Sitzungsberichte" im Springer-Verlag.

Inhalt des Jahrgangs 1948:

1. P. Christian und R. Haas. Über ein Farbenphänomen. DM 1.50.
2. W. Blaschke. Zur Bewegungsgeometrie auf der Kugel. DM 1.—.
3. P. Uhlenhuth. Entwicklung und Ergebnisse der Chemotherapie. DM 2.—.
4. P. Christian. Die Willkürbewegung im Umgang mit beweglichen Mechanismen. DM 1.50.
5. W. Bothe. Der Streufehler bei der Ausmessung von Nebelkammerbahnen im Magnetfeld. DM 1.—.
6. W. Troll. Urbild und Ursache in der Biologie. DM 1.50.
7. H. Wendt. Die Jansen-Rayleighsche Näherung zur Berechnung von Unterschallströmungen. DM 2.40.
8. K. H. Schubert. Über die Entwicklung zulässiger Funktionen nach den Eigenfunktionen bei definiten, selbstadjungierten Eigenwertaufgaben. DM 1.80.
9. W. Schaaff. Biegung mit Erhaltung konjugierter Systeme. DM 1.80.
10. A. Seybold und H. Mehner. Über den Gehalt von Vitamin C in Pflanzen. DM 9.60.

Inhalt des Jahrgangs 1949:

1. H. Maass. Automorphe Funktionen und indefinite quadratische Formen. DM 3.60.
2. O. H. Erdmannsdörffer. Über Fasergranite und Böllsteiner Gneis. DM 1.20.
3. K. H. Schubert. Die eindeutige Zerlegbarkeit eines Knotens in Primknoten. DM 2.80.
4. K. Holldack. Grenzen der Herzauskultation. DM 4.20.
5. K. Freudenberg. Die Bildung ligninähnlicher Stoffe unter physiologischen Bedingungen. DM 1.—.
6. W. Troll und H. Weber. Morphologische und anatomische Studien an höheren Pflanzen. DM 7.80.
7. W. Doerr. Pathologische Anatomie der Glykolvergiftung und des Alloxandiabetes. DM 9.80.
8. W. Threlfall. Knotengruppe und Homologieinvarianten. DM 1.50.
9. F. Oehlkers. Mutationsauslösung durch Chemikalien. DM 3.80.
10. E. Sperner. Beziehungen zwischen geometrischer und algebraischer Anordnung. DM 3.—.
11. F. Heller. Ursus (Plionarctos) stehlini Kretzoi. DM 4.80.
12. W. Rauh. Klimatologie und Vegetationsverhältnisse der Athos-Halbinsel und der ostägäischen Inseln Lemnos, Evstratios, Mytiline und Chios. DM 10.50.
13. Y. Reenpää. Die Schwellenregeln in der Sinnesphysiologie und das psychophysische R oblem. DM 1.60.

Sitzungsberichte
der Heidelberger Akademie der Wissenschaften
Mathematisch-naturwissenschaftliche Klasse
Jahrgang 1965, 4. Abhandlung

Adjungierte Funktoren und primitive Klassen

Von

Walter Felscher
Mathematisches Institut der Universität Freiburg i. Br.

(Vorgelegt in der Sitzung vom 10. Juni 1965)

Heidelberg 1965
Springer-Verlag

ISBN-13: 978-3-540-03402-5 e-ISBN-13: 978-3-642-46024-1
DOI: 10.1007/978-3-642-46024-1

Druck der Universitätsdruckerei H. Stürtz AG, Würzburg

Titel-Nr. 6715

Adjungierte Funktoren und primitive Klassen

Von

Walter Felscher

Mathematisches Institut der Universität Freiburg i. Br.

Inhaltsübersicht

Einleitung 1. In dieser Arbeit werden Sätze über die Existenz adjungierter Funktoren und induktiver Limites in allgemeinen Kategorien bewiesen, die für spezielle Kategorien von Algebren oder anderen Strukturen zahlreiche bekannte Existenzsätze über freie Algebren, freie Produkte und verwandte Konstruktionen umfassen. Weiter wird in ziemlich allgemeinen Kategorien eine Theorie primitiver Klassen entwickelt, die im Spezialfall der Kategorien von Algebren die von BIRKHOFF [2] gefundenen Zusammenhänge von Primitivität und Gleichungsdefinierbarkeit enthält; die hier notwendige, abstraktere Darstellung liefert auch für die bekannten Spezialfälle einen neuen und einfacheren Zugang.

Die Arbeit ist in drei Teile und einen Anhang gegliedert; bei einem Verweis bezeichnet etwa (1.3.1) den Abschnitt 3.1 des ersten Teiles. Im ersten Teil werden im wesentlichen nur bekannte Definitionen über Kategorien, projektive Limites und gewisse Bikategorien zusammengestellt. Um für solche möglichen Leser, welche an den Anwendungen vor allem des dritten Teiles interessiert sind, die Lesbarkeit nicht unnötig zu erschweren, wurde bei der Behandlung projektiver Limites auf die größte mögliche Allgemeinheit verzichtet: Funktorkategorien und natürliche Transformationen werden nicht explizite erwähnt. Das Beispiel einer Kategorie abstrakter Algebren wird in (1.3.1)—(1.3.2) ausführlich diskutiert.

Existenzsätze für freie Erweiterungen sind für allgemeine Klassen von Strukturen zuerst von BOURBAKI [4], für Kategorien von MALCEV [36] aufgestellt worden. Im zweiten Teil der Arbeit wird zunächst, im Anschluß an FELSCHER-JARFE [15], eine Reihe sehr allgemeiner Formen solcher Existenzsätze beschrieben. Mit deren Hilfe läßt sich dann ein neuer, vereinfachter Beweis des Satzes von LAWVERE [34] über die Existenz adjungierter Funktoren geben, von welchem FREYDs [17], [18] Kriterium ein Spezialfall ist. Unter den Beispielen in (2.2.6) finden sich mehrere Einbettungssätze für Boolesche Algebren und für Verbände, die bisher mühsamer bewiesen werden mußten. Alsdann werden Existenzsätze für induktive Limites abgeleitet: Sei F ein Funktor von einer Kategorie K in eine Kategorie L, der Adjungierte besitzt und noch einige weitere Eigenschaften hat; ist dann L Kategorie mit induktiven Limites, so auch K, und die induktiven Limites in K lassen sich mittels F aus denen in L berechnen. Beispiele sind hier die bekannten Konstruktionen freier und amalgamierter Produkte. Für spezielle Kategorien lassen sich die Voraussetzungen der so zu findenden Sätze dualisieren; angewandt auf Klassen von Algebren liefert das die Sätze von HEWITT [19] über die Existenz von Produkten.

Eine Klasse abstrakter Algebren heißt primitiv, wenn sie abgeschlossen ist gegen die Bildung von Subalgebren, von Produkten und von homomorphen Bildern. Das Theorem von BIRKHOFF [2] besagt, daß eine Klasse genau dann primitiv sei, wenn sie sich durch Gleichungen definieren lasse, wenn sie also gerade aus denjenigen Algebren bestehe, die einer bestimmten Menge von Gleichungen genügen. Im dritten Teil der Arbeit werden primitive Klassen und Gleichungsdefinierbarkeit in Kategorien beschrieben, und es wird ein Satz bewiesen, der, angewandt auf eine Kategorie von Algebren, das Theorem von BIRKHOFF als Spezialfall enthält. Da sich die bekannten Beweise des Birkhoffschen Theorems (vgl. SŁOMINSKI [49], NEUMANN [38], SCHMIDT [44]) nicht ohne weiteres in der Sprache der Kategorien formulieren lassen, wurde es hier nötig, eine neue Beweisidee anzuwenden; diese besagt im Falle finitärer Algebren (Algebren mit nur endlichstelligen Operationen), daß eine Algebra A, welche von einer Menge X erzeugt wird, induktiver Limes von solchen Subalgebren ist, die von endlichen Teilmengen von X

erzeugt werden. Nützt man diese Tatsache aus, so erhält man auch im konkreten Falle einen einfacheren Beweis, als ihn die bekannten Methoden liefern; der Bequemlichkeit halber wird er vorweg und explizite in (3.3.1) beschrieben. Da die Zusammenhänge zwischen Primitivität und Gleichungsdefinierbarkeit sich schon in ziemlich allgemeinen Kategorien beschreiben lassen, ist es dann auch möglich, Sätze wie den von BIRKHOFF in allgemeineren Situationen auszusprechen; Herr J. SCHMIDT, der dem Verfasser, nachdem dieser ihm von seinen Beobachtungen berichtet, Einsicht in eine Kopie seiner im Druck befindlichen Arbeit [44] gewährte, hat solche Verallgemeinerungen mit ganz anderen Methoden ebenfalls bewiesen. — Weiter besitzen nun Untersuchungen über Gleichungsdefinierbarkeit auch Anwendungen in der Theorie der Implikation. Daß eine Gleichung σ aus einer Menge M von Gleichungen folge, besagt nach Definition, daß in allen Algebren, in denen die Gleichungen aus M gelten, auch σ gilt; B. H. NEUMANN [38] hat bemerkt, daß dies genau dann der Fall ist, wenn σ zu der von M erzeugten vollinvarianten Kongruenzrelation gehört. Daraus folgt aber, wie in (3.4.4) gezeigt, leicht der Kompaktheitssatz der Gleichungstheorie: betrachtet man etwa finitäre Algebren und folgt σ aus M, so existiert eine endliche Teilmenge M' von M, aus der σ folgt. Mit ähnlichen Überlegungen wird in (3.4.4) auch ein kurzer Beweis für den Kompaktheitssatz der Aussagenlogik gegeben, nachdem zuvor in (3.4.3) ein Zusammenhang hergestellt wird zwischen Kogeneratoren gewisser Kategorien C von Algebren und solchen Algebren aus C, welche als Matrix für die Implikation dienen können.

In einem Anhang wird schließlich gezeigt, daß eine Anzahl von Sätzen über allgemeine Algebren auch ohne Voraussetzung des Auswahlaxioms beweisbar sind. Es zeigt sich, daß für Klassen finitärer Algebren das Theorem von BIRKHOFF zu diesen Sätzen gehört; damit läßt sich dann auch die von TARSKI [53] gegebene Kennzeichnung funktional freier Algebren ohne Auswahlaxiom beweisen. Als Anwendung findet man, daß ohne Auswahlaxiom jede Boolesche Algebra jedenfalls homomorphes Bild eines Mengenkörpers ist. Weiter wird das Auswahlaxiom auch nicht zum Beweis des Kompaktheitssatzes der Gleichungstheorie finitärer Algebren benötigt.

Der Verfasser ist Herrn D. SCHUMACHER für die Anregung zum zweiten Teil von (2.3.3) sowie für die letzte in (1.4.5) gemachte Beobachtung zu Dank verpflichtet, weiter Herrn J. BAMMERT für eine Vereinfachung des letzten Beweises in (2.2.1). Die im Abschnitt (1.1) gegebene Konstruktion für die von einer Subklasse einer Kategorie erzeugte Subkategorie geht zurück auf Ideen von Herrn R. KERKHOFF. Herrn G. BRUNS verdankt der Verfasser den Hinweis auf die Anwendbarkeit des Theorems von STONE-GLIVENKO in (2.2.6).

2. In dieser Arbeit wird eine Mengenlehre verwendet, in welcher neben Mengen auch Klassen auftreten, und dies so, daß jede Menge zugleich eine Klasse ist. Für eine solche Mengenlehre lassen sich nach v. NEUMANN, BERNAYS und GÖDEL Axiomatisierungen angeben; für eine ausführliche Darstellung vergleiche man etwa KELLEY [28], Appendix. Das Auswahlaxiom wird, vom Anhang abgesehen, häufiger verwendet werden, und zwar bisweilen auch in der stärkeren Form des Auswahlaxioms für Klassen. Weiter wird an einigen Stellen auch das Fundierungsaxiom gebraucht werden; aus ihm, zusammen mit dem Auswahlaxiom für Klassen, folgt nach BERNAYS, SCOTT und SPECKER (vgl. RUBIN-RUBIN [42], S. 86, Th. 2.2 S) das Auswahlprinzip für Äquivalenzklassen: ist D eine Klasse und R eine Äquivalenzrelation mit dem Definitionsbereich D, so existiert eine Klasse A so, daß für jedes $x \in D$ genau ein $y \in A$ existiert mit $\langle x, y\rangle \in R$. Sind E, I Klassen, so wird eine Funktion f von I in E auch durch $(f_i)_I$ notiert, wobei f_i das Bild von $i \in I$ unter f ist; synonym mit „Funktion" wird dann auch das Wort „Familie" benutzt. Ist außerdem I sogar Menge, so bezeichnet E^I die Klasse aller Funktionen von I in E.

Teil 1. Hilfsmittel über Kategorien

1. Sei X eine nicht leere Klasse, Y eine Abbildung aus $X \times X$ in X, Z der Definitionsbereich von Y; falls $\langle f, g\rangle \in Z$, so schreibe man das Bild $Y(\langle f, g\rangle)$ auch fg; $e \in X$ heißt *Einheit*, wenn $\langle f, e\rangle \in Z$ stets $fe = f$ und $\langle e, f\rangle \in Z$ stets $ef = f$ zur Folge hat. Das Paar $\langle X, Y\rangle$ heißt *Kategorie*, wenn gilt (i) ($\langle f, g\rangle \in Z$ und $\langle fg, h\rangle \in Z$) ist äquivalent zu ($\langle g, h\rangle \in Z$ und $\langle f, gh\rangle \in Z$) und auch äquivalent zu ($\langle f, g\rangle \in Z$ und $\langle g, h\rangle \in Z$); (ii) in jedem der Fälle aus (i) gilt $f(gh) = (fg)h$; (iii) zu jedem $f \in X$ existieren Einheiten a, b mit $\langle f, a\rangle \in Z$, $\langle b, f\rangle \in Z$; (iv) für alle Einheiten a, b ist die Klasse $H(a, b)$ aller $f \in X$ mit $\langle f, a\rangle \in Z$, $\langle b, f\rangle \in Z$ eine Menge. — In diesem Falle bestimmt f in (iii) dann a, b eindeutig, und man setzt $a(f) = a$, $b(f) = b$; eine Aussage der Gestalt „wenn $\langle f, g\rangle \in Z$ und $fg = h$ und ..., so $\langle r, s\rangle \in Z$ und $rs = t$ und ..." wird fortan kurz geschrieben „wenn $fg = h$ und ..., so $rs = t$ und ...". Ist K eine Kategorie, $K = \langle X, Y\rangle$, so setze man $K_0 = X$, $K_1 = Y$; die Elemente von K_0 heißen auch Morphismen von K, und $ob(K)$ sei die Klasse aller Einheiten von K. Eine Kategorie K heißt *klein*, wenn K_0 Menge ist. Ist K Kategorie, so definiert man die zu K *duale* Kategorie K^* durch $K_0^* = K_0$, $\langle f, g, h\rangle \in K_1^*$ genau wenn $\langle g, f, h\rangle \in K_1$; damit ist ein Dualitätsprinzip gesichert.

Sind K, L Kategorien, so heißt K *Subkategorie* von L, wenn $K_0 \subseteq L_0$, $K_1 \subseteq L_1$, $ob(K) \subseteq ob(L)$ gilt, woraus für alle a, b aus $ob(K)$ folgt $H_K(a, b) \subseteq H_L(a, b)$. Gilt hier stets $H_K(a, b) = H_L(a, b)$, so heißt K *volle* Subkategorie von L. Wenn $D \subseteq L_0$, so existiert genau dann eine Subkategorie K von L mit $K_0 = D$, wenn D *abgeschlossen* ist: für alle f, g aus D liegen auch $a(f)$, $b(f)$, fg in D; K ist dann eindeutig bestimmt durch $K_1 = L_1 \cap (D \times D \times D)$. Ist L eine Kategorie und $C \subseteq ob(L)$, so bestimmt C eine triviale Subkategorie K von L mit $K_0 = C$, $K_1 = \emptyset$; ist $D \subseteq L_0$, so bestimmt D die Klasse D_0 aller $c \in ob(L)$, für die $f \in D$ mit $c = a(f)$ oder $c = b(f)$ existiert, und damit bestimmt D eine volle Subkategorie K von L durch $K_0 = \bigcup \langle H(a, b) | a, b \text{ in } D_0\rangle$, $K_1 = L_1 \cap (K_0 \times K_0 \times K_0)$; da jede volle Subkategorie K' von L mit $D \subseteq K_0'$ dann auch K zur Subkategorie hat, heißt K die von D *erzeugte* volle Subkategorie von L. Ist $X \subseteq L_0$ und X Menge, so sei $X_0 = X$ und X_1 die Menge aller $c \in ob(L)$, für die ein $f \in X$ mit $c = a(f)$ oder $c = b(f)$ existiert; für $i \geqq 2$ definiere man rekursiv X_i als Vereinigung von $Y = \bigcup \langle X_j | j < i\rangle$ mit der Menge aller h so, daß f, g in Y existieren mit $h = fg$; endlich sei $X_\omega = \bigcup \langle X_i | i < \omega\rangle$. Wenn $D \subseteq L_0$, so existiert die Klasse $M(D)$ aller Mengen X mit $X \subseteq D$, und es gilt $D = \bigcup \langle X | X \in M(D)\rangle$. Die Klasse $\bigcup \langle X_\omega | X \in M(D)\rangle$ ist aber abgeschlossen; sei K die eindeutig bestimmte Subkategorie von L mit $K_0 = \bigcup \langle X_\omega | X \in M(D)\rangle$; da dann jede Subkategorie K' von L mit $D \subseteq K_0'$ auch K zur Subkategorie hat, heißt K die von D erzeugte Subkategorie von L.

Sei K eine Kategorie; f aus K_0 heißt *monomorph* und *Monomorphismus: mono* (f), wenn aus $fu = fv$ stets $u = v$ folgt; f heißt *linksinvertierbar*, wenn ein $u \in K_0$ existiert mit $uf \in ob(K)$ — dann ist f auch monomorph. Dual definiert man *Epimorphismen* — *epi* (f) — und *Rechtsinvertierbarkeit*. f heißt *isomorph* und *Isomorphismus: iso* (f), wenn f sowohl rechts- als linksinvertierbar ist; dann existiert genau ein f^{-1} mit $f^{-1}f = a(f)$, $ff^{-1} = b(f)$. Aus iso(f) folgt iso(f^{-1}); aus iso(f), iso(g) folgt iso(fg), $(fg)^{-1} = g^{-1}f^{-1}$; aus $e \in ob(K)$ folgt iso(e), $e = e^{-1}$. Es ist iso(f) äquivalent zu (mono(f) und f rechtsinvertierbar), denn aus der zweiten Aussage folgt die Existenz eines u mit $fu = b(f)$, also $fuf = b(f)f = f \cdot a(f)$, woraus $uf = a(f)$, also f linksinvertierbar folgt.

2. Seien K, L Kategorien; ein *Funktor* F von K in L ist eine Abbildung von K_0 in L_0 so, daß $F(ob(K)) \subseteq ob(L)$ und aus $\langle f, g, h\rangle \in K_1$ folgt $\langle F(f), F(g), F(h)\rangle \in L_1$; dann folgt aus iso$(f)$ auch iso$(F(f))$, $F(f^{-1}) = F(f)^{-1}$. F heißt *treu*, wenn für alle a, b aus $ob(K)$ die Menge $H_K(a, b)$ injektiv in $H_L(F(a), F(b))$ abgebildet wird; dann folgt aus mono$(F(f))$ auch mono(f), aus epi$(F(f))$ auch epi(f). F heißt *gut*, wenn für alle $f \in K_0$ aus iso(f), $F(f) \in ob(L)$ folgt $f \in ob(K)$; F ist gut genau dann, wenn für g, h aus K_0 aus iso(g), iso(h), $a(g) = a(h)$, $F(g) = F(h)$ folgt $g = h$. Denn ist diese Bedingung erfüllt und gilt iso(f), $F(f) \in ob(L$, so wähle man $g = f$, $h = a(f)$; ist aber F gut und erfüllen g, h die genannten Voraussetzungen, so folgt iso(gh^{-1}), $F(gh^{-1}) \in ob(L)$, also $gh^{-1} \in ob(K)$, $b(g) = b(h)$, woraus $h = ghh^{-1} = g$ folgt. F heißt *transportierbar*, wenn zu jedem $a \in ob(K)$ und zu jedem $z \in L_0$ mit $a(z) = F(a)$, iso(z) ein $f \in K_0$ existiert mit $a(f) = a$, $F(f) = z$, iso(f); ist F transportierbar, so ist F gut genau dann, wenn in der letzten Bedingung f eindeutig durch a, z bestimmt ist. F heißt *beschränkt*, wenn für jedes $x \in ob(L)$ die Urbildklasse $F^{-1}(x) \cap ob(K)$ eine Menge ist. F heißt *dicht*, wenn für jedes $x \in ob(L)$ ein $a \in ob(K)$ existiert so, daß $H(x, F(a))$ nicht leer ist.

Sei F ein Funktor von K in L, G ein Funktor von L in eine Kategorie M; ist φ eine der Eigenschaften „treu", „gut", „beschränkt", und haben F, G diese Eigenschaft, so auch der komponierte Funktor GF; hat GF die Eigenschaft φ, so auch F. Weiter ist mit F und G auch GF transportierbar; ist GF transportierbar und G gut, so auch F transportierbar. Mit F und G ist auch GF dicht; ist GF dicht, so auch G. Man prüft diese Behauptungen leicht nach.

3.1. Sei U die Klasse aller Mengen, sei K_0 die Klasse aller $\langle X, Y, f\rangle$ mit X, Y aus U, $f \in Y^X$, sei $\langle\langle X, Y, f\rangle, \langle X', Y', f'\rangle, \langle X'', Y'', f''\rangle\rangle \in K_1$ genau wenn $X' = Y$, $X'' = X$, $Y'' = Y'$, $f'' = f'f$; $\langle K_0, K_1\rangle$ ist dann eine Kategorie, die — inkorrekt, aber kurz — *Kategorie aller Mengen* heißt.

Sei K eine Kategorie und F ein treuer Funktor von K in die Kategorie aller Mengen; K heißt dann *Kategorie von Strukturen* mit F als *Projektionsfunktor* (FREYD [18]: forgetful functor); F ist stets dicht. K heißt Kategorie von Strukturen *im Sinne von* BOURBAKI, wenn K Kategorie von Strukturen mit F als Projektionsfunktor und F noch gut, transportierbar und beschränkt ist. Ein *System von Strukturen* im Sinne von BOURBAKI ist ein Tripel $\langle S, p, h\rangle$, wobei S eine Klasse, p eine Funktion von S in U und h eine Funktion von $S \times S$ in U ist derart, daß (i) wenn $\langle a, b\rangle \in S \times S$, so

$h(a, b) \subseteq p(b)^{p(a)}$, (ii) wenn $f \in h(a, b)$, $g \in h(b, c)$, so $gf \in h(a, c)$, (iii) wenn $p(a) = p(b)$, $id_{p(a)} \in h(a, b) \cap h(b, a)$, so $a = b$, (iv) wenn $a \in S$, $x \in U$, f Bijektion von $p(a)$ auf x, so existiert $b \in S$ mit $p(b) = x$, $f \in h(a, b)$, $f^{-1} \in h(b, a)$, (v) wenn $x \in U$, so ist $p^{-1}(x)$ eine Menge. Jede Kategorie K von Strukturen im Sinne von BOURBAKI mit F als Projektionsfunktor bestimmt ein System $\langle S, p, h\rangle$ von Strukturen im Sinne von BOURBAKI mit $S = ob(K)$, $p = F|_{ob(K)}$, $h(a, b) = F(H(a, b))$; umgekehrt bestimmt jedes System $\langle S, p, h\rangle$ von Strukturen im Sinne von BOURBAKI eine Kategorie K von Strukturen im Sinne von BOURBAKI mit K_0 als Klasse aller $\langle a, b, f\rangle$ für $\langle a, b\rangle \in S \times S$, $f \in h(a, b)$. — BOURBAKI definiert in [4] espèces de structure mit metamathematischen Methoden; sind für diese espèces jedoch einmal die Eigenschaften nachgewiesen, welche Systeme von Strukturen im Sinne von BOURBAKI kennzeichnen, so werden für alle bei BOURBAKI [4], §§ 2—3, folgenden Betrachtungen keine weiteren als eben jene Eigenschaften mehr verwendet. Es empfiehlt sich, statt der Systeme von Strukturen stets die zugehörigen Kategorien zu betrachten, da dann ein Dualitätsprinzip zur Verfügung steht. — Die axiomatische Beschreibung von Systemen $\langle S, p, h\rangle$ von Strukturen geht zurück auf KRISHNAN [31], [32]; dort werden jedoch zum Teil stärkere als die von BOURBAKI gebrauchten Eigenschaften zur Definition verwendet. Kategorien von Strukturen sind weiter die bei EHRESMANN [14], p. 58, betrachteten „Kategorien von Homomorphismen". Untersuchungen über Funktoren F von einer Kategorie K in eine Kategorie L, welche neben Treue und Beschränktheit weitere spezifische Eigenschaften haben, finden sich auch bei HUŠEK [21].

Es ist nun klar, wie man, ausgehend etwa von der Klasse aller Booleschen Algebren und ihren Homomorphismen, ein System von Strukturen und die Kategorie aller Booleschen Algebren erhält; entsprechend definiert man die Kategorie aller Gruppen, die Kategorie aller topologischen Räume (mit stetigen Abbildungen als Morphismen), die Kategorie aller kompakten Räume, und so weiter.

3.2. Im Hinblick auf spätere Anwendungen ist es angebracht, einige Begriffe über allgemeine Algebren zusammenzustellen. Dazu betrachte man Ordinalzahlen im v. Neumannschen Sinne (vgl. KELLEY [28], Appendix), so daß jede Ordinalzahl α gleich der Menge aller echt kleineren Ordinalzahlen ist; $o = \emptyset$ sei die kleinste, ω die kleinste unendliche Ordinalzahl. Als Kardinalzahlen oder Anfangszahlen bezeichne man diejenigen Ordinalzahlen, welche keiner echt kleineren Ordinalzahl gleichmächtig sind; mit Hilfe des Auswahlaxioms bestimmt man zu jeder Menge E eine Kardinalzahl card(E). Eine Ordinalzahl α heiße *regulär*, wenn sie mit keiner echt kleineren konfinal ist, d.h. wenn keine Folge $(\alpha_\zeta)_\beta$ existiert mit $\beta<\alpha$, $\alpha_\zeta<\alpha$ für alle $\zeta<\beta$, $\alpha=\sup\langle\alpha_\zeta|\zeta<\beta\rangle$; ist α reguläre Anfangszahl, so auch *additiv unerreichbar:* ist $(E_\zeta)_\beta$ eine Folge von Mengen mit $\beta<\alpha$, card$(E_\zeta)<\alpha$, so gilt card$(\bigcup\langle E_\zeta|\zeta<\beta\rangle)<\alpha$.

Ist E eine Menge, α eine Ordinalzahl, so heißt eine Abbildung von E^α (d.h. der Menge aller Abbildungen von α in E) in E auch *Operation vom Typ* α auf E; statt der Operationen vom Typ o werden stets die ihnen umkehrbar entsprechenden Elemente von E selbst betrachtet werden, und Operationen vom Typ o heißen auch *konstant* und *Konstanten*. Sei $\Delta=(\alpha_\zeta)_\beta$ eine Folge von Ordinalzahlen; eine *Algebra A vom Typ Δ* ist ein Paar $\langle A_0, (\varphi_\zeta)_\beta\rangle$ derart, daß für $\zeta<\beta$ dann φ_ζ eine Operation vom Typ α_ζ auf A ist; A_0 heißt der *Träger* von A. Die leere Menge ist Träger einer Algebra vom Typ Δ genau dann, wenn Δ keine konstanten Operationen bestimmt; eine Algebra heißt *singulär*, wenn ihr Träger höchstens ein Element enthält. Wie üblich erklärt man Homomorphismen, Subalgebren, Kongruenzrelationen usf.; für jeden Typ Δ läßt sich wieder *die* Kategorie *aller* Algebren vom Typ Δ definieren; jede volle Subkategorie dieser Kategorie heißt dann *eine* Kategorie von Algebren vom Typ Δ; diese Kategorien sind Kategorien von Strukturen im Sinne von BOURBAKI, denn ihr Projektionsfunktor ist beschränkt: die Algebra A ist Element der nur von A_0 und Δ abhängigen Menge $\{A_0\}\times(\bigcup\langle(A_0^{\alpha_\zeta})\times A_0|\zeta<\beta\rangle)^\beta$. Ist $\Delta=(\alpha_\zeta)_\beta$ ein Typ, so versteht man unter dem *Rang* ϱ von Δ die kleinste unendliche Anfangszahl größer oder gleich als alle α_ζ mit $\zeta<\beta$, unter der *Dimension* γ von Δ die kleinste unendliche reguläre Anfangszahl echt größer als alle α_ζ mit $\zeta<\beta$. Sind alle α_ζ endlich, so heißt Δ *finitär*, und es gilt $\varrho=\gamma=\omega$; man spricht dann von finitären Algebren und von Kategorien von solchen.

Ist $A=\langle A_0, (\varphi_\zeta)_\beta\rangle$ eine Algebra vom Typ Δ, $X\subseteq A_0$, so sei $[X]$ der Träger der von X erzeugten Subalgebra von A: $[X]$ ist Durchschnitt aller Träger B_0 von Subalgebren B von A mit $X\subseteq B_0$. Bei festem Typ Δ existiert dann eine Funktion d der Klasse aller Kardinalzahlen in sich derart, daß für alle Algebren A vom Typ Δ und alle $X\subseteq A_0$ gilt card$([X])\leqq d(\text{card}(X))$; sei $R(\Delta)$ die Menge aller ζ, $\zeta<\beta$, mit $\alpha_\zeta=o$; setzt man $\bar\alpha=\alpha$ für $\alpha>o$ und $\bar o=$ card$(R(\Delta))$, so leistet das Gewünschte etwa $d(\alpha)=(\bar\alpha+1)^{\varrho\cdot\text{card}(\beta)}$

(CHRISTENSEN-PIERCE [7]) oder $d(\alpha) = 2^{(\bar{\alpha} \cdot \varrho \cdot \mathrm{card}(\beta))}$ (SŁOMINSKI [49]; dort findet sich noch eine ganze Reihe weiterer Möglichkeiten für d; man vergleiche auch SCHMIDT [45], wo jedoch Rang und Dimension etwas anders definiert werden); wenn $\gamma = \omega$, so kann man offenbar $d(\alpha) = \bar{\alpha} \cdot \mathrm{card}(\beta) \cdot \omega$ wählen.

Eine weitere, später mehrfach auszunutzende Rolle spielen Rang und Dimension von Δ bei der folgenden Tatsache: *Sei* $A = \langle A_0, (\varphi_\zeta)_\beta \rangle$ *eine Algebra vom Typ* Δ, *sei* $X \subseteq A_0$; *für jedes* a *mit* $a \in [X]$ *existiert dann* $X_a \subseteq X$ *mit* $\mathrm{card}(X_a) < \gamma$ und $a \in [X_a]$ (vgl. auch SCHMIDT [45]). Zum Beweis beachte man, daß Träger von Subalgebren genau die unter sämtlichen Operationen φ_ζ, $\zeta < \beta$, abgeschlossenen Teilmengen von A_0 sind; daher ist $[X]$ die kleinste gegen alle φ_ζ abgeschlossene Teilmenge von A_0, welche X enthält, und es genügt also zu beweisen, daß die Teilmenge aller a aus $[X]$, welche die angegebene Eigenschaft haben, X enthält und gegen alle φ_ζ, $\zeta < \beta$, abgeschlossen ist. Es ist aber klar, daß alle $x \in X$ jene Eigenschaft mit $X_x = \{x\}$ haben; ist weiter $\alpha_\zeta = o$, φ_ζ also eine Konstante a, so schon $X_a = \emptyset$. Gilt endlich $\alpha_\zeta > o$, $a = \varphi_\zeta((b_\alpha)_{\alpha_\zeta})$ und existiert für jedes b_α, $\alpha < \alpha_\zeta$, ein $X_\alpha \subseteq X$, $\mathrm{card}(X_\alpha) < \gamma$ und $b_\alpha \in [X_\alpha]$, so folgt $a \in [\bigcup \langle X_\alpha \mid \alpha < \alpha_\zeta \rangle]$, $\mathrm{card}(\bigcup \langle X_\alpha \mid \alpha < \alpha_\zeta \rangle) < \gamma$, da $\alpha_\zeta < \gamma$ und γ additiv unerreichbar; man kann also $X_a = \bigcup \langle X_\alpha \mid \alpha < \alpha_\zeta \rangle$ wählen. — Aus der Definition von ϱ und γ folgt, daß, wenn $\varrho \neq \gamma$, so $\gamma = 2^\varrho$; daher gilt mit $\mathrm{card}(X_a) < \gamma$ stets auch $\mathrm{card}(X_a) \leqq \varrho$. — Es sei bemerkt, daß für finitäre Algebren dieser Beweis das Auswahlaxiom nicht benötigt, da die Vereinigung endlich vieler endlicher Mengen stets wieder endlich ist. Außerdem braucht man in keinem Falle die zu den b_α gehörigen X_α durch einen Auswahlprozeß zu gewinnen, sondern kann, unter Verwendung absolut freier Algebren, rekursiv eine Funktion definieren, die jedem a aus $[X]$ ein passendes X_a zuordnet.

4.1. Sei K eine Kategorie, I eine Klasse; eine Funktion $(f_i)_I$ von I in K_0 heißt *kofondal*, wenn $a(f_i) = a(f_j)$ für alle i, j aus I. Sei V eine Kategorie und T ein Funktor von V in K; eine kofondale Funktion $(f_v)_{ob(V)}$ von $ob(V)$ in K_0 heißt *T-Familie*, wenn für alle $w \in V_0$ gilt $f_{b(w)} = T(w) f_{a(w)}$, speziell also $b(f_v) = T(v)$ für alle $v \in ob(V)$. Eine T-Familie $(f_v)_{ob(V)}$ heißt *projektiver Limes* von T (oder inverser Limes, bei FREYD [18]: left root), wenn für jede T-Familie $(g_v)_{ob(V)}$ genau ein h in K_0 existiert mit $g_v = f_v h$ für alle $v \in ob(V)$. Ist $(f_v)_{ob(V)}$ projektiver Limes von T, so hat $f_v h_1 = f_v h_2$ für alle $v \in ob(V)$ auch $h_1 = h_2$ zur Folge; eine weitere T-Familie $(g_v)_{ob(V)}$ ist daher projektiver Limes von T genau dann, wenn h mit $\mathrm{iso}(h)$, $g_v = f_v h$ für alle $v \in ob(V)$ existiert. Ist V eine kleine Kategorie, so heißt K Kategorie mit projektiven Limites über V, wenn für jeden Funktor T von V in K ein projektiver Limes existiert; K heißt Kategorie mit projektiven Limites, wenn K Kategorie mit projektiven Limites über jeder *kleinen* Kategorie V ist.

4.2. Sei I eine nicht leere Menge, V die Kategorie mit $I = V_0 = ob(V)$; die Funktoren T von V in K sind genau die Funktionen $(a_i)_I$ mit $a_i \in ob(K)$ für $i \in I$, die T-Familien dann sind genau die kofondalen Funktionen $(f_i)_I$ mit $b(f_i) = a_i$ für $i \in I$; die produktiven Limites solcher Funktoren T heißen *produktive* Familien, und ist $(f_i)_I$ produktiv, so heißt $a = a(f_i)_I$ ein *Produkt* der Familie $(b(f_i))_I$. Existiert zu jeder [endlichen] Menge I und zu jeder Familie $(a_i)_I$ in $ob(K)$ ein Produkt, ist also K Kategorie mit projektiven Limites über der entsprechenden Kategorie V, so heißt K Kategorie mit [endlichen] Produkten.

Sei $I = \bigcup \langle J_r | r \in R \rangle$ eine Zerlegung von I in nicht leere, paarweise disjunkte Teilmengen; sei $(f_i)_I$ produktiv, sei für jedes $r \in R$ auch $(g_j^r)_{J_r}$ produktiv mit $b(g_j) = b(f_j)$ für $j \in I$, sei $(h_r)_R$ produktiv mit $b(h_r) = a(g_j^r)$ für $r \in R$; dann existiert ein h in K_0 mit $\mathrm{iso}(h)$, $f_i h = g_i^r h_r$ für alle $i \in I$ und alle $r \in R$, $i \in J_r$ *(Assoziativität von Produkten)*. Die Produktivität von $(g_j^r)_{J_r}$, $(h_r)_R$, $(f_i)_I$ liefert nämlich, in dieser Reihenfolge, Elemente s_r, s, h in K_0 mit $f_j = g_j^r s_r$ für $j \in J_r$, $r \in R$, $s_r = h_r s$ für $r \in R$, $g_j^r h_r = f_j h$ für $j \in J_r$, $r \in R$; daraus folgt $f_j = g_j^r h_r s = f_j h s$ für alle $j \in I$, also $hs = a(f_j)$, sowie $g_j^r h_r = f_j h = g_j^r s_r h = g_j^r h_r s h$ für alle $j \in J_r$, $r \in R$, also $h_r = h_r s h$ für alle $r \in R$, also $sh = a(h_r)$.

4.3. Sei $\langle E, R \rangle$ eine nicht leere, nach unten gerichtete Menge, d.h. $R \subseteq E \times E$, R reflexiv, transitiv und so, daß für alle x, y in E ein z in E existiert mit $\langle z, x \rangle \in R$, $\langle z, y \rangle \in R$; sei $V(R)$ die Kategorie V mit $V_0 = R$ und $\langle \langle u, v \rangle, \langle u', v' \rangle, \langle u'', v'' \rangle \rangle \in V_1$ genau wenn $v = u'$, $u = u''$, $v' = v''$. Die projektiven Limites $(f_v)_E$ von Funktoren solcher Kategorien $V(R)$ in K heißen *gerichtete* projektive Limites; existieren sie stets, so heißt K Kategorie mit gerichteten projektiven Limites.

Ist $\langle E, R \rangle$ nach unten gerichtet, A eine koinitiale Teilmenge von E, d.h. für jedes $x \in E$ existiert $a \in A$ mit $\langle a, x \rangle \in R$, und ist $R|A$ die Restriktion von R auf A, so ist $V(R|A)$ Subkategorie von $V(R)$. Sei T ein Funktor von $V(R)$ in K, $T|A$ seine Restriktion auf $V(R|A)$. Ist dann $(f_a)_A$ projektiver Limes von $T|A$, so erhält man einen projektiven Limes $(T(a, x)\, f_a)_E$ von T, indem man für $x \in E$

ein $a \in A$ mit $\langle a, x\rangle \in R$ wählt; da auch $\langle A, R|A\rangle$ nach unten gerichtet ist, folgt aus $\langle a, x\rangle \in R$, $\langle a', x\rangle \in R$ hier $T(a, x) f_a = T(a', x) f_{a'}$. — Dieser Sachverhalt ist von Nutzen, wenn man allgemeiner $V(R)$ auch für nach unten gerichtete *Klassen* $\langle E, R\rangle$ einführt; ist dann A eine koinitiale Teil*menge* von E, T ein Funktor von $V(R)$ in K und hat K gerichtete projektive Limites, so kann man aus einem projektiven Limes von $T|A$ auch einen solchen von T erhalten.

Ist K Kategorie mit Produkten für Familien $(a_i)_I$, $I = \{o, 1\}$, so auch Kategorie mit endlichen Produkten. *Ist K Kategorie mit endlichen Produkten und gerichteten projektiven Limites, so auch Kategorie mit Produkten.* Denn sind F, G endliche Teilmengen einer Menge I, $F \subseteq G$, und ist $(a_i)_I$ eine Funktion von I in $ob(K)$, so findet man produktive Familien $(f_i^F)_F$, $(f_j^G)_G$ mit $b(f_i^F) = a_i$, $b(f_j^G) = a_j$ für $i \in F$, $j \in G$ sowie ein eindeutig bestimmtes h_F^G in K_0 mit $f_i^F h_F^G = f_i^G$ für $i \in F$; ist V die durch die nach unten gerichtete Menge $\langle E, \supseteq\rangle$ aller endlichen Teilmengen von I bestimmte Kategorie, T der Funktor von V in K mit $T(G, F) = h_F^G$ und $(f_F)_E$ ein projektiver Limes von T, so erhält man eine produktive Familie $(f_i^F f_F)_I$, indem man für $i \in I$ ein $F \in E$ mit $i \in F$ wählt. — Der gleiche Schluß zeigt allgemeiner, daß K dann projektive Limites besitzt, wenn gerichtete projektive Limites sowie projektive Limites für Funktoren T von endlichen Kategorien V in K existieren.

4.4. Sei I eine nicht leere Menge, seien o, 1 nicht in I, sei $V(I)$ die Kategorie V mit $ob(V) = \{o, 1\}$, $V_0 = \{o, 1\} \cup I$, weiter $a(i) = o$, $b(i) = 1$ für $i \in I$. Sei T ein Funktor von $V(I)$ in K, $T(i) = f_i$; die projektiven Limites von T entsprechen genau den Elementen k von K_0 mit (i) $f_i k = f_j k$ für alle i, j aus I, (ii) wenn $f_i g = f_j g$ für alle i, j aus I, so existiert genau ein h in K_0 mit $g = kh$; ein solches Element k heißt dann *Kern* (auch equalizer) von $(f_i)_I$; jeder Kern k ist monomorph. Ist K Kategorie mit projektiven Limites über $V(I)$ für jede nicht leere Menge I, so heißt K Kategorie mit Kernen; ist dies nur gesichert, wenn I höchstens zwei Elemente enthält, so heißt K Kategorie mit 2-Kernen.

Ist K Kategorie mit 2-Kernen und mit Produkten, so auch Kategorie mit Kernen. Dazu sei $(f_i)_I$ gegeben mit $a(f_i) = a(f_j)$, $b(f_i) = b(f_j)$ für i, j in I; sei $i \in I$ und $J = I - \{i\}$, $J \neq \emptyset$, und sei b ein Produkt der Familie $(b(f_j))_J$ mit $(r_j)_J$ als produktiver Familie. Dann existieren g_1, g_2 in $H(a(f_i), b)$ so, daß $r_j g_1 = f_j$ und $r_j g_2 = f_i$ für alle $j \in J$; sei k Kern von (g_1, g_2), so daß $f_j k = f_i k$ für alle $j \in J$. Gilt noch

$f_j g = f_i g$ für alle $j \in J$, so auch $r_j g_1 g = r_j g_2 g = f_i g$ für alle $j \in J$, weshalb $g_1 g = g_2 g$ folgt, so daß genau ein h mit $g = kh$ existiert.

4.5. Sei I eine nicht leere Menge, seien $o, 1$ nicht in I, sei $V(I)$ die Kategorie V mit $ob(V) = \{\langle o, i\rangle | i \in I\} \cup \{1\}$, $V_0 = ob(V) \cup I$, $a(i) = \langle o, i\rangle$, $b(i) = 1$ für $i \in I$. Sei T ein Funktor von $V(I)$ in K, $T(i) = f_i$; die projektiven Limites von T entsprechen genau den (kofondalen) Familien $(k_i)_I$ in K_0 mit (i) $f_i k_i = f_j k_j$ für alle i, j in I, (ii) wenn $(g_i)_I$ in K_0 und $f_i g_i = f_j g_j$ für alle i, j in I, so existiert genau ein h in K_0 mit $g_i = k_i h$ für alle $i \in I$; $(k_i)_I$ heißt dann *Fiberprodukt* (auch intersection) von $(f_i)_I$. Ist K Kategorie mit projektiven Limites über jeder solchen Kategorie $V(I)$, so heißt K Kategorie mit Fiberprodukten.

Sei K Kategorie mit Produkten; K ist Kategorie mit 2-Kernen, also mit Kernen, genau dann, wenn K Kategorie mit Fiberprodukten ist (ECKMANN-HILTON [13]). Ist nämlich K Kategorie mit Kernen und ist $(f_i)_I$ gegeben mit $b(f_i) = b(f_j)$ für alle i, j in I, so sei $(r_i)_I$ eine produktive Familie mit $b(r_i) = a(f_i)$ für $i \in I$ und sei k Kern von $(f_i r_i)_I$; dann ist $(r_i k)_I$ Fiberprodukt von $(f_i)_I$. Denn jedenfalls gilt $f_i r_i k = f_j r_j k$ für i, j in I; gilt noch $f_i g_i = f_j g_j$ für i, j aus I, so existiert h_1 mit $r_i h_1 = g_i$, also $f_i r_i h_1 = f_j r_j h_1$ für i, j aus I; mithin existiert h mit $kh = h_1$, also $r_i kh = r_i h_1 = g_i$ für $i \in I$. h ist eindeutig, da aus $r_i kh = r_i k\bar{h} = g_i$ für $i \in I$ folgt $kh = k\bar{h}$ und, wegen mono(k), $h = \bar{h}$. Für den umgekehrten Schluß vgl. ECKMANN-HILTON [13], proposition 2.3.

Ist K Kategorie, so heißt $o \in ob(K)$ *final*, wenn für alle $a \in ob(K)$ die Menge $H(a, o)$ genau ein Element enthält. Ist K Kategorie mit Fiberprodukten und existiert ein finales Element a, so ist K Kategorie mit Produkten: ist nämlich $(a_i)_I$ eine Familie in $ob(K)$, $f_i \in H(a_i, o)$ für $i \in I$, so ist ein Fiberprodukt $(k_i)_I$ von $(f_i)_I$ produktiv.

4.6. *Sei K Kategorie mit Produkten und Kernen; dann ist K Kategorie mit projektiven Limites* (ECKMANN-HILTON [13], MARANDA [37], FREYD [17], [18]). Sei nämlich V eine kleine Kategorie und T ein Funktor von V in K; sei $(r_v)_{ob(V)}$ eine produktive Familie mit $b(r_v) = T(v)$ für $v \in ob(V)$. Für $v \in ob(V)$ sei $M(v) \subseteq V_0 \times ob(V)$ die nicht leere Menge aller $\langle w, \bar{v}\rangle$ mit $w \in H(\bar{v}, v)$; sei s_v Kern von $(T(w)\, r_{\bar{v}})_{M(v)}$ und sei $(k_v)_{ob(V)}$ Fiberprodukt von $(s_v)_{ob(V)}$; dann ist $(r_v s_v k_v)_{ob(V)}$ projektiver Limes von T. Denn zunächst gilt für $w \in H(\bar{v}, v)$ dann $T(w)\, r_{\bar{v}} s_{\bar{v}} k_{\bar{v}} = T(w)\, r_{\bar{v}} s_v k_v = r_v s_v k_v$, so daß $(r_v s_v k_v)_{ob(V)}$ eine T-Familie ist. Ist $(g_v)_{ob(V)}$ eine weitere T-Familie, so folgt aus der Produktivität von $(r_v)_{ob(V)}$ die Existenz von h_1 mit $g_v = r_v h_1$; da

$(g_v)_{ob(V)}$ T-Familie, folgt die Existenz von $(h_v)_{ob(V)}$ mit $h_1 = s_v h_v$; da mithin $s_v h_v = s_{\bar{v}} h_{\bar{v}}$ für alle $v, \bar{v}$ aus $ob(V)$, folgt die Existenz von h mit $h_v = k_v h$, also $r_v s_v k_v h = r_v s_v h_v = r_v h_1 = g_v$ für $v \in ob(V)$. h ist eindeutig, da aus $r_v s_v k_v h = r_v s_v k_v \bar{h}$ für $v \in ob(V)$ folgt $s_v k_v h = s_v k_v \bar{h}$, wegen mono$(s_v)$ also $k_v h = k_v \bar{h}$, $h = \bar{h}$.

Zusammen mit dem zuvor Bewiesenen gestattet diese Beobachtung, „Erzeugende" für projektive Limites in K anzugeben. So ist etwa für die Existenz projektiver Limites in K hinreichend (und in den Fällen (i), (ii) auch notwendig), daß (i) K Kategorie mit Produkten und 2-Kernen oder (ii) K Kategorie mit 2-Kernen, endlichen Produkten und gerichteten projektiven Limites oder (iii) K Kategorie mit Fiberprodukten und einem finalen Element ist.

4.7. Seien K, L Kategorien, F ein Funktor von K in L; F *erhält* projektive Limites, wenn für jede kleine Kategorie V und für jeden Funktor T von V in K gilt: ist $(f_v)_{ob(V)}$ projektiver Limes von T, so $(T(f_v))_{ob(V)}$ projektiver Limes des komponierten Funktors FT. Entsprechend definiert man, wann F Produkte (i.e. produktive Familien), Fiberprodukte und dergleichen erhält. Da, wie soeben gezeigt, projektive Limites etwa schon mittels Produkten und 2-Kernen zu konstruieren sind, erhält ein Funktor F bereits dann projektive Limites, wenn er nur Produkte und 2-Kerne erhält. CHEVALLEY hat bemerkt, daß für einen Funktor F, welcher projektive Limites erhält, aus mono(f) auch mono$(F(f))$ folgt. Denn ein f aus K_0 ist monomorph genau dann, wenn $(a(f), a(f))$ Fiberprodukt von (f, f) ist.

4.8. Dual zu kofondalen definiert man *koterminale* Funktionen, dual zu T-Familien dann *T-koFamilien* und dual zu projektiven Limites noch *induktive* (oder direkte) *Limites:* eine (koterminale) T-koFamilie $(f_v)_{ob(V)}$ heißt induktiver Limes von T, wenn für jede T-koFamilie $(g_v)_{ob(V)}$ genau ein h in K_0 existiert mit $g_v = h f_v$ für alle $v \in ob(V)$. Dual zu produktiven Familien, Produkten, gerichteten projektiven Limites, Kernen und Fiberprodukten definiert man, in der gleichen Reihenfolge, *koproduktive Familien, Koprodukte, gerichtete induktive Limites, Kokerne* und *Kofiberprodukte;* dual zu finalen Elementen definiert man *initiale* Elemente. Ein Element aus $ob(K)$, welches zugleich final und initial ist, heißt Nullelement. F erhalte Monomorphismen, wenn aus mono(f) stets mono$(F(f))$ folgt; dual definiert man, wann F Epimorphismen erhalte.

4.9. Es ist klar, daß die Kategorien aller Mengen, aller topologischen Räume, aller kompakten Räume oder aller Algebren eines festen Typs Δ Produkte und Kerne besitzen und daß auch alle dabei auftretenden Projektionsfunktoren diese Produkte und Kerne erhalten. Da eine beliebige Kategorie von Algebren stets volle Subkategorien der Kategorie aller Algebren des betrachteten Typs sein soll, definiert eine Klasse von Algebren, die im üblichen Sinne gegen Produkte abgeschlossen ist, auch eine Kategorie mit Produkten; eine Klasse von Algebren, die gegen Subalgebren abgeschlossen ist, definiert eine Kategorie mit Kernen. Für Kategorien solcher Algebren, die keine konstanten Operationen besitzen, kann allerdings sehr wohl die leere Abbildung als Kern auftreten. — BOURBAKI [4], p. 30, führt für Systeme von Strukturen auf andere Art (nämlich mit Hilfe sog. Initialstrukturen) B-produktive Familien $(r_i)_I$ von Morphismen ein; man prüft durch Rückgang auf die Bourbakische Definition jedoch leicht nach, daß $(r_i)_I$ B-produktiv ist genau dann, wenn $(r_i)_I$ produktiv in der zugehörigen Kategorie von Strukturen und zugleich $(F(r_i))_I$ produktiv in der Kategorie aller Mengen ist. — Ist K Kategorie von Strukturen, $a \in ob(K)$ und $F(a)$ leer, so enthält $H(a, b)$ stets höchstens ein Element, und für alle $b \in ob(K)$ mit nicht leerem $F(b)$ ist $H(b, a)$ leer. Finale und initiale Elemente in Kategorien von Strukturen sind vor allem dann von Interesse, wenn sie über nicht leeren Trägermengen zu finden sind; z.B. ist in der Kategorie aller Booleschen Algebren die zweielementige Boolesche Algebra 2 initial, und die einelementige Boolesche Algebra 1 (allgemeiner: jede singuläre Algebra) ist final, jedoch existiert kein Morphismus von 1 in eine nicht singuläre Boolesche Algebra.

Die am Ende von 4.7 gemachte Bemerkung erlaubt für viele Kategorien von Strukturen festzustellen, ob Monomorphismen stets schon als Mengenabbildungen injektiv sind; da der Projektionsfunktor treu ist, sind dann monomorph genau die als Mengenabbildungen injektiven Morphismen. Die entsprechende Frage für Epimorphismen ist schwieriger. In den Kategorien aller topologischen oder aller kompakten Räume sind Epimorphismen auch surjektive Mengenabbildungen, in der Kategorie aller Hausdorffräume aber nicht: dort ist nämlich $f \in H(a, b)$ schon dann epimorph, wenn die Bildmenge $F(f)(F(a))$ von $F(a)$ unter $F(f)$ dicht in b ist; in der Kategorie aller kompakten Räume ist für $f \in H(a, b)$ stets $F(f)(F(a))$ abgeschlossen in b, und wenn $x \in F(b)$, nicht $x \in F(f)(F(a))$ existiert, so findet man, da b normal, eine stetige Abbildung g von b in den Raum $[o, 1]$ mit $g(x) = o, g(y) = 1$ für

$y \in F(f)(F(a))$; ist $\bar{g}$ noch die Abbildung von ganz $F(b)$ auf $\{1\}$, so gilt $gf = \bar{g}f$, aber $g \neq \bar{g}$. *Allgemein hat* JÓNSSON *bemerkt, daß der Projektionsfunktor F einer Kategorie K von Strukturen dann Epimorphismen erhält, wenn F* transportierbar ist *und* (i) wenn $f \in H(a, b)$, so existiert eine Substruktur a' von b (d.h. $F(a') \subseteq F(b)$ und es existiert $f' \in H(a, b)$ so, daß $F(f')$ die Inklusionsabbildung von $F(a')$ in $F(b)$ ist) mit $F(a') = F(f)(F(a))$ und es existiert $\bar{f} \in H(a, a')$ mit $F(\bar{f}) = F(f)$, $f = f'\bar{f}$, *sowie* (ii) K besitzt die *strikte Amalgamierungseigenschaft:* wenn a Substruktur von b und $\bar{b}$, so existiert c und $b, \bar{b}$ Struktur von c. Ist nämlich unter diesen Umständen $f \in H(a, b)$ gegeben und $F(f)(F(a))$ echte Teilmenge von $F(b)$, so wähle man eine mit $F(b)$ gleichmächtige Menge X mit $X \cap F(b) = F(f)(F(a))$; da F transportierbar, existiert $\bar{b}$ und $h \in H(b, \bar{b})$ mit $F(\bar{b}) = X$, iso(h) und so, daß $F(f)(F(a))$ unter $F(h)$ identisch auf sich abgebildet wird. Die nach (i) durch f bestimmte Substruktur a' von b ist daher auch Substruktur von $\bar{b}$, weshalb nach (ii) ein c so existiert, daß $b, \bar{b}$ Substruktur von c; sind $g \in H(b, c)$ und $\bar{g} \in H(\bar{b}, c)$ die zu den Inklusionsabbildungen gehörenden Morphismen, so gilt $g \neq \bar{g}h$, weil $F(g) \neq F(\bar{g})F(h)$ wegen $F(f)(F(a)) \neq F(b)$, aber $gf = \bar{g}hf$, da $F(g)F(f) = F(\bar{g})F(h)F(f)$ und F treu: mithin ist f nicht epimorph. — Diese Bedingungen sind etwa erfüllt für die Kategorie *aller* Algebren eines festen Typs (dies mit dem gleichen Beweisgedanken auch bei DRBOHLAV [10]): sind $b, \bar{b}$ Algebren, die eine gemeinsame Subalgebra a besitzen, so haben auf b und $\bar{b}$ die konstanten Operationen die gleichen Werte (die sie auch in a haben), und man kann eine Algebra c mit $F(c) = F(b) \cup F(\bar{b})$ finden, indem man die nicht konstanten Operationen für solche Argumentenfolgen, die nicht schon ganz aus $F(b)$ oder $F(\bar{b})$ stammen, beliebig festsetzt. Allgemein definiert eine Klasse von Algebren, die gegen Subalgebren abgeschlossen ist, eine Kategorie mit (i); unglücklicherweise ist aber die strikte Amalgamierungseigenschaft wesentlich mühsamer zu erkennen: JÓNSSON hat in [24] gezeigt, daß sie zutrifft für die Kategorie aller Gruppen, aller geordneten Mengen und aller Verbände, und daß sie nicht zutrifft für die Kategorie aller Halbgruppen, aller regulären Halbgruppen und aller distributiven Verbände.

5.1. Sei K eine Kategorie, $b \in ob(K)$; eine Klasse $S(b)$ heißt Klasse von *Subobjekten* von b, wenn (i) $b \in S(b)$, (ii) aus $m \in S(b)$ folgt mono(m), $b(m) = b$, (iii) falls $f \in K_0$, mono(f), $b(f) = b$, so existiert genau ein $m \in S(b)$, das zu f rechtsäquivalent ist (d.h. es gibt ein h

mit $\mathrm{iso}(h)$, $m = fh$). Da Rechtsäquivalenz eine Äquivalenzrelation definiert, sind zwei Klassen von Subobjekten von b stets bijektiv aufeinander abzubilden; legt man eine Mengenlehre zugrunde, in der das Auswahlaxiom für Klassen sowie das Fundierungsaxiom gilt, so läßt sich zu jedem b eine Klasse $S(b)$ von Subobjekten konstruieren. K heiße *Kategorie mit Subobjekten*, wenn zu jedem $b \in ob(K)$ eine Klasse von Subobjekten existiert, welche *Menge* ist; in solchen Kategorien sei fortan für b diese Menge $S(b)$ fest gewählt. Im allgemeinen sichert solche Auswahl nicht, daß „Subobjekte von Subobjekten wieder Subobjekte sind", d.h. $f \in S(b)$, $g \in S(a(f))$ schon $gf \in S(b)$ zur Folge hat; dies tritt genau dann ein, wenn aus $f \in S(b)$, $gf \in S(b)$ auch $g \in S(a(f))$ folgt. — Dual zu Subobjekten definiert man *Faktorobjekte* und erklärt entsprechend, wann K Kategorie mit Faktorobjekten heiße; die fest gewählte Menge aller Faktorobjekte von b werde dann $Q(b)$ bezeichnet.

In $S(b)$ definiert man eine Ordnung durch $m_1 \leqq m_2$ genau dann, wenn ein f existiert mit $m_1 = m_2 f$. *Ist K Kategorie mit Fiberprodukten, so besitzt jede Teilmenge von $S(b)$ ein Infimum.* Denn ist $(m_i)_I$ gegeben mit $I \neq \emptyset$, $m_i \in S(b)$ für $i \in I$, und ist $(k_i)_I$ Fiberprodukt von $(m_i)_I$, so ist $m_i k_i$ für $i \in I$ monomorph, $b(m_i k_i) = b$; liegt m in $S(b)$ mit $m = m_i k_i h$, $\mathrm{iso}(h)$, so jedenfalls $m \leqq m_i$ für alle $i \in I$; wenn noch $\overline{m} \in S(b)$, $\overline{m} \leqq m_i$ für alle $i \in I$, also $\overline{m} = m_i f_i$ mit passenden f_i, so existiert g mit $f_i = k_i g$ für $i \in I$, folglich $\overline{m} = m_i k_i g = m h^{-1} g$, $\overline{m} \leqq m$. Da $S(b)$ stets ein größtes Element, nämlich b, enthält, ist für eine Kategorie K mit Subobjekten und Fiberprodukten dann $S(b)$ ein vollständiger Verband. — Dual definiert man in $Q(b)$ eine Ordnung durch $q_1 \leqq q_2$ genau dann, wenn ein f existiert mit $f q_2 = q_1$.

5.2. Sei B Subkategorie einer Kategorie K; unter $\mathsf{S}(B_0)$ verstehe man die Klasse aller Monomorphismen m aus K_0 mit $b(m) \in ob(B)$.

Eine Kategorie K heißt *schwache Zerlegungskategorie*, wenn zu jedem $f \in K_0$ ein Paar m, q existiert mit $f = mq$, $\mathrm{mono}(m)$, $\mathrm{epi}(q)$; K heißt *Zerlegungskategorie*, wenn überdies aus $mq = \overline{m}\overline{q}$, $\mathrm{mono}(m)$, $\mathrm{mono}(\overline{m})$, $\mathrm{epi}(q)$, $\mathrm{epi}(\overline{q})$ die Existenz von g, h mit $\overline{m} = mg$, $\overline{q} = hq$ folgt (vgl. HOFMANN [20], § 2, für weitere Eigenschaften); dabei gilt dann $\mathrm{iso}(g)$, $g^{-1} = h$, denn aus $mq = mghq$ folgt $gh \in ob(K)$, so daß g rechtsinvertierbar ist, und aus $\mathrm{mono}(\overline{m})$, $\overline{m} = mg$ folgt $\mathrm{mono}(g)$, so daß g isomorph ist.

Sei B eine volle Subkategorie von K mit $\mathsf{S}(B_0) \subseteq B_0$; mit K ist auch B schwache Zerlegungskategorie. Ist K Zerlegungskategorie und sind Monomorphismen in B auch Monomorphismen in K, so ist B Zerlegungskategorie genau dann, wenn Epimorphismen in B auch Epimorphismen in K sind, d.h. der Einbettungsfunktor I_B von B in K Epimorphismen erhält. Beispiele von Zerlegungskategorien — sogar mit Sub- und Faktorobjekten — sind die Kategorien aller kompakten Räume oder aller Algebren eines festen Typs (wobei, wie DANA SCOTT bemerkt hat, für nicht finitäre Algebren im allgemeinen das Auswahlaxiom verwendet wird); aus den Bemerkungen in 4.9 folgt daher, daß in der Kategorie K aller Algebren leicht volle Subkategorien B mit $\mathsf{S}(B_0) \subseteq B_0$ anzugeben sind, deren Monomorphismen auch in K monomorph sind; hingegen ist es dann, wenn überhaupt zutreffend, jedenfalls mühsam, B auch als Zerlegungskategorie zu erkennen. Dies legt die folgende Definition nahe.

Eine *Bikategorie* sei ein Tripel $\langle K, S, Q\rangle$, wobei K eine Kategorie ist und (i) S, Q abgeschlossene Subklassen von K_0 sind, (ii) alle Elemente von S monomorph, alle Elemente von Q epimorph in K sind, (iii) $S \cap Q$ genau die Isomorphismen enthält, (iv) zu jedem $f \in K_0$ existiert ein Paar m, q mit $f = mq$, $m \in S$, $q \in Q$, und wenn noch $f = \bar{m}\bar{q}$ mit $\bar{m} \in S$, $\bar{q} \in Q$, so existiert ein h mit iso(h), $\bar{m} = mh$, $\bar{q} = h^{-1}q$ (vgl. ISBELL [22], [23], SEMADENI [46]). In den folgenden Betrachtungen soll gelegentlich — kurz, aber inkorrekt — K selbst schon Bikategorie genannt werden, wenn $\langle K, S, Q\rangle$ Bikategorie ist und S, Q festgehalten werden; sinngemäß ist zu verstehen was es heiße, daß K sich (durch Angabe von Klassen S, Q) zu einer Bikategorie machen lasse. Eine Bikategorie K heiße Bikategorie mit Subobjekten, wenn zu jedem $b \in ob(K)$ eine Teilmenge $Ss(b)$ von S gegeben ist mit den Eigenschaften (i)—(iii) aus 5.1, wobei jedoch mono(m) und mono(f) durch $m \in S$ und $f \in S$ zu ersetzen sind; dual definiert man Bikategorien mit Faktorobjekten in Mengen $Qq(b)$.

Jede Bikategorie ist schwache Zerlegungskategorie; jede Zerlegungskategorie läßt sich trivial zu einer Bikategorie machen. Sei nun wieder B volle Subkategorie von K und $\langle K, S, Q\rangle$ Bikategorie, sei $\mathsf{Ss}(B_0) = \mathsf{S}(B_0) \cap S$; gilt dann $\mathsf{Ss}(B_0) \subseteq B_0$, so ist $\langle B, S \cap B_0, Q \cap B_0\rangle$ Bikategorie. Speziell definiert also jede Klasse von Algebren, welche gegen Subalgebren abgeschlossen ist, eine Bikategorie mit Sub- und Faktorobjekten. Für weitere Beispiele von Bikategorien vergleiche man SEMADENI [46].

Eine Kategorie K mit Subobjekten ist Zerlegungskategorie genau dann, wenn zu jedem $f \in K_0$ genau ein $m \in S(b(f))$ existiert so, daß $f = mq$ für ein q mit epi(q). Die Notwendigkeit dieser Bedingung ist klar; ist sie erfüllt und $f = \bar{m}\bar{q}$ eine weitere Zerlegung mit mono $(\bar{m})$, epi $(\bar{q})$, so sei $\bar{m} = m'h$ mit $m' \in S(b(\bar{m}))$, $S(b(\bar{m})) = S(b(f))$, iso (h), so daß $m' = m$; wegen mono (m) und $mq = mh\bar{q}$ also auch $q = h\bar{q}$. Ist K Bikategorie mit Subobjekten, so existiert zu jedem $f \in K_0$ genau ein $m \in Ss(b(f))$ so, daß $f = mq$ mit $q \in Q$; ist K Bikategorie mit Sub- und Faktorobjekten, so existiert zu jedem $f \in K_0$ genau ein Tripel m, h, q mit $f = mhq$, $m \in Ss(b(f))$, $q \in Qq(a(f))$, iso (h); in diesen Fällen notiert man auch $m = m_f$, $q = q_f$.

Ist K Kategorie mit Subobjekten, Fiberprodukten und 2-Kernen, so wird aus (2.2.5) folgen, daß K auch schwache Zerlegungskategorie ist. Die Inspektion des dort geführten Beweises lehrt, daß dann jedes $f \in K_0$ sogar derart in $f = mq$ zerlegt werden kann, daß für jede weitere Zerlegung $f = m'g$ mit mono (m') ein m'' existiert mit $m = m'm''$; m heiße dann für f minimal. Ist S die Klasse aller Monomorphismen von K, die für irgend ein f minimal sind, so sieht man leicht, daß das Produkt zweier Elemente aus S wieder zu S gehört. Wenn $f = mq$ und m für f minimal, so ist q rein: jedes monomorphe m', für das ein g mit $q = m'g$ existiert, ist isomorph; ist Q die Klasse aller reinen Epimorphismen, so besitzt $\langle K, S, Q\rangle$ alle Eigenschaften einer Bikategorie, abgesehen eventuell von der, daß Q abgeschlossen ist. Unter stärkeren Voraussetzungen an K findet sich eine verwandte Konstruktion, die dann wirklich eine Bikategorie liefert, bei ISBELL [23], corollary 2.2; weiter vergleiche man auch PUPIER [41].

5.3. *Ist K eine Bikategorie mit Subobjekten und Koprodukten, $b \in ob(K)$, so besitzt jede nicht leere Teilmenge von $Ss(b)$ ein Supremum.* Denn ist $(m_i)_I$ gegeben mit $m_i \in Ss(b)$ für $i \in I$, $I \neq \emptyset$, und ist $(s_i)_I$ koproduktiv mit $a(s_i) = a(m_i)$ für $i \in I$, f eindeutig bestimmt durch $m_i = fs_i$, so gilt jedenfalls $m_i \leqq m_f$ für alle $i \in I$. Wenn weiter $m_i \leqq m$, also $m_i = mg_i$ für alle $i \in I$, so sei g bestimmt durch $g_i = gs_i$ und sei $g = m_g q$, also $m_i = mm_g qs_i$; aus der Eindeutigkeit von f folgt $f = mm_g q$, also die Existenz eines h mit $m_f h = mm_g$, iso (h), so daß $m_f = mm_g h^{-1}$, $m_f \leqq m$. — Daraus folgt weiter, daß in $Ss(b)$ jede nach unten beschränkte Teilmenge ein Infimum besitzt; $Ss(b)$ ist also ein vollständiger Verband, wenn es ein kleinstes Element enthält. Dies tritt jedenfalls dann ein, wenn in K ein Nullelement o existiert, denn für das eindeutig bestimmte Element o_{ob} in $H(o, b)$ gilt mono (o_{ob}).

5.4. *Ist K schwache Zerlegungskategorie mit Subobjekten und Koprodukten und enthält K ein initiales Element o, so ist K Kategorie* *mit Kernen* (dieser Sachverhalt im wesentlichen in dem Artikel von CALENKO in [33]). Ist nämlich $(f_i)_I$ gegeben mit $a(f_i)=a(f_j)=a$, $b(f_i)=b(f_j)$ für alle i, j aus I, $I\neq\emptyset$, so sei M die Menge aller m aus $S(a)$ mit $f_i m=f_j m$ für i, j aus I; M ist nicht leer, da das Element o_{oa} aus $H(o, a)$ ein Element von M bestimmt. Sei $(s_m)_M$ koproduktiv mit $a(s_m)=a(m)$ für $m\in M$, sei f bestimmt durch $m=fs_m$ für $m\in M$, $f=m_f q$; für i, j aus I und alle $m\in M$ gilt dann $f_i f s_m=f_j f s_m$, also auch $f_i f=f_j f$, $f_i m_f=f_j m_f$. Gilt noch $f_i g=f_j g$ für alle i, j aus I, $g=m_g\bar{q}$, also $f_i m_g=f_j m_g$, so folgt $m_g\in M$, weshalb $g=m_g\bar{q}=fs_{m_g}\bar{q}=m_f q s_{m_g}\bar{q}$; da m_f monomorph, ist $q s_{m_g}\bar{q}$ in dieser Zerlegung eindeutig bestimmt. Also ist m_f Kern von $(f_i)_I$.

6. Sei K eine Kategorie, $d\in ob(K)$; man definiert einen Funktor H^d von K in die Kategorie aller Mengen, indem man für $H^d(f)$ diejenige Abbildung wählt, die jedem $t\in H(d, a(f))$ das Element ft in $H(d, b(f))$ zuordnet. d heißt *Generator* von K, wenn H^d treu ist.

Ist K Kategorie mit Koprodukten, so ist d Generator von K genau dann, wenn für jedes $a\in ob(K)$ entweder $H(d, a)$ leer und dann a initial ist oder ein epimorphes q und eine koproduktive Familie $(f_i)_I$ existiert mit $a(f_i)=d$ für alle $i\in I$ und $q\in H(b(f_i), a)$. Ist nämlich d Generator und $a\in ob(K)$, $H(d, a)\neq\emptyset$, so sei $I=H(d, a)$, sei $(f_t)_I$ eine koproduktive Familie mit $a(f_t)=d$ für alle $t\in I$, und sei q bestimmt durch $qf_t=t$ für alle $t\in I$; da d Generator, folgt aus $ft=\bar{f}t$ für alle $t\in I$ dann $f=\bar{f}$, so daß q epimorph ist. Sind umgekehrt $(f_i)_I$ und q mit den genannten Eigenschaften für a gegeben und gilt $ft=\bar{f}t$ für alle $t\in H(d, a)$, so erst recht $fqf_i=\bar{f}qf_i$ für alle $i\in I$, so daß $fq=\bar{f}q$, $f=\bar{f}$. Ist schließlich $H(d, a)$ leer, so $H^d(f)=\emptyset$ für alle f mit $a(f)=a$; H^d ist hier also genau dann treu, wenn a initial ist.

Ist K Kategorie mit Koprodukten, d Generator von K, und ist $(g_r)_R$ eine koproduktive Familie mit $a(g_r)=d$ für alle $r\in R$, so ist $b(g_r)$ Generator von K. Ist nämlich $a\in ob(K)$ und $(f_i)_I$ koproduktiv mit $a(f_i)=d$ für alle $i\in I$, weiter $q\in H(b(f_i), a)$, epi(q), ist weiter $(g_r)_R$ wie beschrieben gegeben, so bilde man koproduktive Familien $(\bar{g}_i)_I$, $(\bar{f}_r)_R$, $(\bar{h}_s)_{I\times R}$ mit $a(\bar{g}_i)=b(g_r)$ für alle $i\in I$, $a(\bar{f}_r)=b(f_i)$ für alle $r\in R$, $a(\bar{h}_s)=d$ für alle $s\in I\times R$; die Assoziativität von Koprodukten liefert dann die Existenz von h_1, h_2 mit iso(h_1), iso(h_2), $h_1\bar{h}_{\langle i,r\rangle}=\bar{g}_i g_r$ und $h_2\bar{h}_{\langle i,r\rangle}=\bar{f}_r f_i$ für alle $\langle i, r\rangle\in I\times R$. Da $(\bar{f}_r)_R$ koproduktiv, existiert $\bar{q}$ mit $q=\bar{q}\bar{f}_r$ für alle $r\in R$, und mit q ist auch $\bar{q}$ epimorph. Damit wird aber $\bar{q}h_2h_1^{-1}\in H(b(\bar{g}_i), a)$, so daß man nach dem zuvor Bemerkten schließen kann. — Ist umgekehrt $(g_r)_R$ koproduktiv mit $a(g_r)=d$ für alle $r\in R$ und ist $b(g_r)$ Generator, so auch d: wegen der

Assoziativität von Koprodukten ist nämlich jedes Koprodukt von $b(g_r)$ erst recht Koprodukt von d.

Ist K Zerlegungskategorie mit Subobjekten und Koprodukten, so ist $d \in ob(K)$ *Generator von K genau dann, wenn für jedes* $a \in ob(K)$ *entweder* $H(d, a)$ *leer und dann a initial ist oder zu jedem* $m \in S(a)$, $m \neq a$, *ein* $f \in H(d, a)$ *so zu finden ist, daß kein g mit* $mg = f$ *existiert.* Sei nämlich d Generator, $(f_i)_I$ koproduktiv mit $a(f_i) = d$ für alle $i \in I$, q epimorph mit $q \in H(b(f_i), a)$; gilt $m \in S(a)$ und findet man für jedes $i \in I$ ein g_i mit $mg_i = qf_i$, so existiert g mit $gf_i = g_i$ für $i \in I$, also $mgf_i = qf_i$ für alle $i \in I$, $mg = q$; wegen epi(q) und mono(m) ist dies nur für $m = a$ möglich. Sei umgekehrt die genannte Bedingung erfüllt, sei $a \in ob(K)$, $H(d, a) \neq \emptyset$; sei $I = H(d, a)$ und $(f_t)_I$ eine koproduktive Familie mit $a(f_t) = d$ für alle $t \in I$, und sei q bestimmt durch $qf_t = t$ für alle $t \in I$. Man zerlege $q = \bar{m}\bar{q}$ mit $\bar{m} \in S(a)$, epi$(\bar{q})$; für jedes $f \in H(d, a)$ existiert dann g mit $\bar{m}g = f$, nämlich $g = \bar{q}f_f$; mithin gilt $\bar{m} = a$, epi(q).

Ist K Zerlegungskategorie mit Subobjekten und Koprodukten, ist $(g_r)_R$ *eine koproduktive Familie und ist* $a(g_r)$ *für jedes* $r \in R$ *Generator von K, so ist* $b(g_r)$ *Generator von K.* Liegt nämlich vor $a \in ob(K)$, $m \in S(a)$, $m \neq a$, und existiert für jedes $r \in R$ ein $f_r \in H(a(g_r), a)$, das nicht durch m zu faktorisieren ist, so bestimme man f durch $f_r = fg_r$ für alle $r \in R$; wäre $mg = f$, so auch $mgg_r = f_r$.

Dual zu Generatoren definiert man *Kogeneratoren.*

Teil 2. Adjungierte Funktoren und induktive Limites

In diesem Teil seien K und L Kategorien und F sei ein Funktor von K in L.

1.1. Sei $B \subseteq ob(K)$, $x \in ob(L)$; ein Paar $\langle y, a\rangle$ heiße *B-semifrei für x*, wenn $a \in ob(K)$, $y \in H(x, F(a))$ und wenn zu jedem Paar $\langle z, b\rangle$ mit $b \in B$, $z \in H(x, F(b))$ ein f existiert mit $f \in H(a, b)$, $z = F(f)y$; ist dabei f eindeutig bestimmt, so heiße $\langle y, a\rangle$ *B-frei für x*. $\langle y, a\rangle$ heiße *semifrei für x* resp. *frei für x*, wenn $\langle y, a\rangle$ $ob(K)$-semifrei für x resp. $ob(K)$-frei für x ist; ist ein Hinweis auf den Funktor F angebracht, so wird „*unter F*" hinzugesetzt werden. Sind $\langle y, a\rangle$, $\langle y', a'\rangle$ frei für x, so existiert h mit $h \in H(a, a')$, iso(h), $y' = F(h)y$. Existiert zu jedem $x \in ob(L)$ ein Paar $\langle y, a\rangle$ frei für x und ist zu jedem x ein solches Paar $\langle y_x, a_x\rangle$ fest gewählt (im allgemeinen wird dazu neben dem Auswahlaxiom für Klassen auch das Fundierungsaxiom benötigt; vielfach läßt sich aber $\langle y_x, a_x\rangle$ auch durch eine

Konstruktion eindeutig bestimmen), so definiere man eine Abbildung F^{ad} von L_0 in K_0 durch $F^{ad}(z) = f$, wobei f eindeutig bestimmt ist durch $F(f)\, y_{a(z)} = y_{b(z)} z$, $f \in H(a_{a(z)}, a_{b(z)})$. F^{ad} ist dann ein Funktor von L in K, und zwar ein zu F *adjungierter* Funktor im Sinne von KAN [27]. Deshalb soll fortan auch kurz gesagt werden, daß F *Adjungierte besitze*, genau wenn zu jedem $x \in ob(L)$ ein für x freies Paar $\langle y, a\rangle$ existiert. Dual zu freien Paaren definiert man kofreie Paare, dual zu adjungierten dann koadjungierte Funktoren. Besitzt F einen adjungierten Funktor F^{ad}, so macht man sich leicht klar, daß F koadjungierter Funktor zu F^{ad} ist. Ist B eine weitere Kategorie, G ein Funktor von B in K, und besitzt sowohl G als auch F Adjungierte G^{ad} und F^{ad}, so ist $G^{ad}F^{ad}$ adjungierter Funktor zu FG; besitzt FG Adjungierte, liefert G auf jeder Menge $H(a, b)$, a und b aus $ob(B)$, eine surjektive Abbildung und ferner eine Surjektion von $ob(B)$ auf $ob(K)$, so ist $G(FG)^{ad}$ adjungiert zu F; besitzt FG Adjungierte, ist F treu und auf jeder Menge $H(a, b)$, a und b aus $ob(K)$, surjektiv, so ist $(FG)^{ad}F$ adjungiert zu G. — Besitzt F Adjungierte, so ist F dicht [vgl. (1.2)].

1.2. *Besitzt F Adjungierte, so erhält F projektive Limites — im besonderen also Produkte, Kerne und Monomorphismen* (vgl. KAN [27]). Sei nämlich V eine kleine Kategorie und T ein Funktor von V in K, sei $(f_v)_{ob(V)}$ projektiver Limes von T und sei $(t_v)_{ob(V)}$ eine FT-Familie in L_0, $x = a(t_v)$ für $v \in ob(V)$; offenbar ist auch $(F(f_v))_{ob(V)}$ eine FT-Familie. Ist $\langle y, a\rangle$ frei für x, so existiert $(g_v)_{ob(V)}$ in K_0 mit $F(g_v)\, y = t_v$, $b(g_v) = T(v)$ für $v \in ob(V)$. Dann ist $(g_v)_{ob(V)}$ aber T-Familie: aus $w \in H(v, \bar{v})$ folgt $T(w)\, g_v = g_{\bar{v}}$, da $F(T(w)\, g_v)\, y = FT(w)\, t_v = t_{\bar{v}} = F(g_{\bar{v}})\, y$. Mithin existiert h mit $f_v h = g_v$, also $F(f_v)\, F(h)\, y = t_v$ für alle $v \in ob(V)$, und dadurch ist $F(h)\, y$ eindeutig bestimmt, denn wäre für ein z noch $F(f_v)\, z = t_v$, so $z = F(h_1)\, y$, also $F(f_v h)\, y = t_v = F(f_v h_1)\, y$, $f_v h = f_v h_1$ für alle $v \in ob(V)$, $h = h_1$, $z = F(h)\, y$.

Da, falls F Adjungierte besitzt, ein adjungierter Funktor F^{ad} Koadjungierte besitzt, erhält F^{ad} folglich induktive Limites. Ist etwa $(s_i)_I$ eine koproduktive Familie in L_0, $\langle y_i, a_i\rangle$ frei für $a(s_i)$, $\langle y, a\rangle$ frei für $b(s_i)$, $i \in I$, und bestimmt man für $i \in I$ noch f_i durch $f_i \in H(a_i, a)$, $F(f_i)\, y_i = y s_i$, so ist $(f_i)_I$ eine koproduktive Familie in K_0.

2.1. Sei $x \in ob(L)$; eine nicht leere Menge $C(x) \subseteq ob(K)$ heißt *analysierend für x*, wenn keine der Mengen $H(x, F(c))$, $c \in C(x)$, leer ist und wenn zu jedem Paar $\langle z, b\rangle$ mit $b \in ob(K)$, $z \in H(x, F(b))$ ein Paar $\langle z', f\rangle$ mit $a(f) \in C(x)$, $b(f) = b$, $z = F(f)\, z'$ existiert; F besitzt *Analysierende*, wenn für jedes $x \in ob(L)$ eine für x analysierende Menge existiert. Sei $x \in ob(L)$, $c \in ob(K)$, $z \in H(x, F(c))$; *z erzeugt c*, wenn für alle $b \in ob(K)$ und alle g_1, g_2 aus $H(c, b)$ aus $F(g_1)z = F(g_2)z$ folgt $g_1 = g_2$; falls speziell $K = L$ und F der identische Funktor ist, so erzeugt z genau dann $b(z)$, wenn z epimorph ist. Wenn z erzeugt c, $v \in L_0$, epi(v) und $b(v) = a(z)$, so zv erzeugt c. F ist treu genau dann, wenn für alle $c \in ob(K)$ gilt $F(c)$ erzeugt c, und dies tritt genau dann ein, wenn für alle $z \in L_0$, $c \in ob(K)$ aus $b(z) = c$, epi(z) folgt z erzeugt c. Wenn $z \in L_0$, $q \in K_0$, so gilt: wenn z erzeugt $a(q)$ und epi(q), so $F(q)z$ erzeugt $b(q)$; wenn $F(q)z$ erzeugt $b(q)$, so epi(q). Ist K Zerlegungskategorie, so findet man daher die folgende Minimaleigenschaft: wenn z erzeugt c, so ist jeder Monomorphismus m, für den $a(m) = c$ und noch $F(m)z$ erzeugt $b(m)$, schon Isomorphismus. F besitzt *Erzeugende*, wenn für alle $x \in ob(L)$, $b \in ob(K)$, $y \in H(x, F(b))$ ein Paar $\langle z, f\rangle$ so existiert, daß $b(f) = b$, $y = F(f)z$ und z erzeugt $a(f)$. Kann man dabei stets noch f monomorph wählen, so besitze F *strikte* Erzeugende; ist K schwache Zerlegungskategorie und besitzt F Erzeugende, so auch strikte Erzeugende.

Sei K Zerlegungskategorie und F besitze Adjungierte. *Dann folgt aus* $F(m)z = F(\bar{m})\bar{z}$, mono$(m)$, mono$(\bar{m})$, $b(m) = b(\bar{m})$, *z erzeugt $a(m)$, die Existenz eines h in K_0 mit $\bar{m} = mh$, $\bar{z} = F(h)z$; wenn überdies noch $\bar{z}$ erzeugt $a(\bar{m})$, so gilt* iso(h). Sei nämlich $F(m)z$ mit mono(m), z erzeugt $a(m)$ gegeben und sei $\langle y, a\rangle$ frei für $a(z)$; dann existieren $f \in H(a, b(m))$, $q \in H(a, a(m))$ mit $F(f)y = F(m)z$ und $F(q)y = z$, so daß epi(q). Falls $f = m_f q_f$ mit mono(m_f), epi(q_f), so folgt $F(m)F(q)y = F(m)z = F(m_f q_f)y$, $mq = m_f q_f$, so daß h_1 existiert mit iso(h_1), $mh_1 = m_f$, $q = h_1 q_f$, $z = F(h_1)F(q_f)y$. Ebenso erhält man für gegebenes $F(\bar{m})\bar{z}$, $F(\bar{m})\bar{z} = F(m)z$, mono$(\bar{m})$, ein $g \in H(a, a(\bar{m}))$ mit $F(g)y = \bar{z}$, also $\bar{m}g = m_f q_f$. Falls $g = m_g q_g$, so existiert ein h_2 mit iso(h_2), $\bar{m}m_g h_2 = m_f$, $q_g = h_2 q_f$, $\bar{z} = F(m_g h_2)F(q_f)y$, so daß man $h = m_g h_2 h_1^{-1}$ wählen kann.

2.2. *Ist K Kategorie mit Produkten und erhält F Produkte, so existiert für jede Menge $B \subseteq ob(K)$ und für jedes $x \in ob(L)$ ein Paar $\langle y, a\rangle$ B-semifrei für x, sofern $H(x, F(b))$ für wenigstens ein $b \in B$ nicht leer ist.* Dazu sei D die Vereinigung aller Mengen $H(x, F(b)) \times \{b\}$ für alle $b \in B$, also selbst eine Menge und nicht leer; für $\langle z, b\rangle$ aus D sei $b_{\langle z, b\rangle} = b$ und sei a ein Produkt der Familie $(b_{\langle z, b\rangle})_D$ mit $(r_{\langle z, b\rangle})_D$ als produktiver Familie. Dann ist auch $(F(r_{\langle z, b\rangle}))_D$ produktiv, so daß y existiert mit $z = F(r_{\langle z, b\rangle})y$ für alle $b \in B$ und alle $z \in H(x, F(b))$.

2.3. *Sei* $x \in ob(L)$; *es existiert* $\langle y, a \rangle$ *semifrei für* x *genau dann, wenn eine für* x *analysierende Menge* $C(x)$ *existiert und* $\langle y', a' \rangle$ $C(x)$-*semifrei für* x *existiert.* Denn sind diese Bedingungen erfüllt, so kann man $\langle y, a \rangle = \langle y', a' \rangle$ setzen; existiert $\langle y, a \rangle$, so kann man $C(x) = \{a\}$ setzen. *F besitzt Adjungierte genau dann, wenn F Erzeugende besitzt und für jedes* $x \in ob(L)$ *ein Paar* $\langle y, a \rangle$ *semifrei für* x *existiert.*

Ist K Kategorie mit Produkten und erhält F Produkte, ist $x \in ob(L)$, so existiert $\langle y, a \rangle$ frei für x genau dann, wenn eine für x analysierende Menge $C(x)$ existiert und für jedes $b \in ob(K)$ (es genügt: für jedes $b \in C(x)$) und jedes $z \in H(x, F(b))$ ein Paar $\langle z', f \rangle$ existiert mit $b(f) = b$, $z = F(f) z'$, z' erzeugt $a(f)$. *Ist K Kategorie mit Produkten, so besitzt F Adjungierte genau dann, wenn F Produkte erhält und Erzeugende sowie Analysierende besitzt.*

2.4. *Sei K Kategorie mit Kernen; F besitzt Adjungierte genau dann, wenn F Kerne erhält und für jedes* $x \in ob(L)$ *ein Paar* $\langle y, a \rangle$ *semifrei für* x *existiert.* Seien diese Bedingungen nämlich erfüllt und sei $\langle y, a \rangle$ semifrei für x; sei E die nicht leere Menge aller h in $H(a, a)$ mit $F(f)\,y = y$, und sei k Kern von E, $k \in H(c, a)$. Da $F(k)$ ebenfalls Kern ist, folgt die Existenz eines y' mit $F(k)\,y' = y$; es soll gezeigt werden, daß $\langle y', c \rangle$ frei für x ist. Seien also f_1, f_2 aus $H(c, b)$ mit $F(f_1)\,y' = F(f_2)\,y'$; sei k' Kern von (f_1, f_2). Da $F(k')$ Kern von $(F(f_1), F(f_2))$, folgt die Existenz eines y'' mit $F(k')\,y'' = y'$. Da $a(y'') = x$ und $\langle y, a \rangle$ semifrei für x, folgt die Existenz eines $g \in H(a, a(k'))$ mit $F(g)\,y = y''$. Nun liegt $kk'g$ in $H(a, a)$, weiter gilt $F(kk'g)\,y = F(k)\,F(k')\,F(g)\,y = F(k)\,F(k')\,y'' = F(k)\,y' = y$, also liegt $kk'g$ in E. Andererseits liegt stets a in E, so daß nach Definition von k auch $kk'gk = ak = k = kc$. Da k monomorph, folgt hieraus $k'gk = c$; aus $f_1 k' = f_2 k'$ folgt daher $f_1 = f_1 c = f_1 k' g k = f_2 k' g k = f_2$.

Aus dem Bewiesenen folgt speziell der Satz von LAWVERE [34]: *Sei K Kategorie mit 2-Kernen und Produkten* (also auch projektiven Limites); *F besitzt Adjungierte genau dann, wenn F 2-Kerne und Produkte (also auch projektive Limites) erhält und Analysierende besitzt* (derselbe Satz schon bei FREYD [17], [18], jedoch mit der überflüssigen Voraussetzung, daß K auch Kategorie mit Subobjekten sei; vgl. 2.5). — Der hier gegebene Beweis vermeidet den Gebrauch allgemeiner projektiver Limites. Man sieht jedoch leicht, daß sich ein für x freies $\langle y, a \rangle$ erhalten läßt, indem man einen projektiven Limes $(f_b)_{ob(K)}$ eines Funktors T bildet, dessen Werte alle $h \in K_0$ sind, zu denen z und z' in L_0 existieren mit $x = a(z) = a(z')$,

$z' = F(h)\, z$; falls $a = a(f_b)$ für $b \in ob(K)$, so existiert, wenn F projektive Limites erhält, ein $y \in H(x, F(a))$, mit dem $\langle y, a \rangle$ frei für x wird. Eine für x analysierende Menge leistet nun gerade, daß sich dieser Funktor T, der ja auf einer Klasse definiert sein kann, ersetzen läßt durch einen Funktor, der auf einer kleinen Kategorie definiert ist und damit den gemachten Voraussetzungen zugänglich wird (vgl. LAWVERE [34]). Definiert man in naheliegender Weise eine Quasiordnung zwischen jenen Werten h von T, so sichert die Existenz einer für x analysierenden Menge eine in dieser quasigeordneten Klasse konfinale Teilmenge (vgl. FLEISCHER [16]; weitere in diesen Zusammenhang gehörende Sätze bei BENABOU [1]).

2.5. *Sei K Kategorie mit projektiven Limites und Subobjekten und F erhalte projektive Limites. Dann besitzt F strikte Erzeugende* (vgl. FREYD [17], [18]). Sei nämlich $x \in ob(L)$, $b \in ob(K)$, $y \in H(x, F(b))$; sei E die Menge aller $m \in S(b)$ so, daß ein z_m mit $y = F(m)\, z_m$ existiert; E ist nicht leer, da $b \in E$ wegen $b \in S(b)$; sei $(k_m)_E$ ein Fiberprodukt der m aus E. Dann ist $m k_m$ monomorph für $m \in E$, und m_0 aus $S(b)$ mit $m_0 = m k_m h$ für ein h mit $\mathrm{iso}(h)$ ist Infimum von E. Da F Fiberprodukte erhält, existiert ein z mit $F(k_m)\, z = z_m$, also $F(m_0)\, F(h^{-1})\, z = F(m)\, F(k_m)\, z = F(m)\, z_m = y$, so daß mit $z_0 = F(h^{-1})\, z$ auch m_0 in E liegt. z_0 erzeugt aber $a(m_0)$, denn gilt $F(g_1)\, z_0 = F(g_2)\, z_0$ für g_1, g_2 aus $H(a(m_0), c)$ und ist k Kern von (g_1, g_2), so existiert, da F Kerne erhält, ein $\bar{z}$ mit $F(k)\, \bar{z} = z_0$; ist m_1 in $S(b)$ mit $m_1 = m_0 k h_1$ für ein h_1 mit $\mathrm{iso}(h_1)$, so $F(m_1)\, F(h_1^{-1})\, \bar{z} = F(m_0)\, F(k)\, \bar{z} = F(m_0)\, z_0 = y$, weshalb mit $z_1 = F(h_1^{-1})\, \bar{z}$ dann m_1 in E liegt, also $m_1 = m_0$, k isomorph und $g_1 = g_2$ gilt. — Für den Spezialfall $K = L$, F der identische Funktor, folgt daraus: ist K Kategorie mit Subobjekten, Fiberprodukten und 2-Kernen, so auch schwache Zerlegungskategorie [vgl. (1.5.2)].

2.6. Daß F Analysierende besitzt, läßt sich unter Umständen auf weitere Eigenschaften zurückführen. Sei dazu M eine Kategorie und G ein Funktor von L in M, M habe Subobjekte, der komponierte Funktor GF sei beschränkt und transportierbar, und F sei dicht. Sei δ eine Funktion von $ob(L)$ in $ob(M)$ so, daß für jedes $b \in ob(K)$ und jedes $z \in H(x, F(b))$ ein Tripel $\langle z', f, n \rangle$ existiert derart, daß $b(f) = b$, $z = F(f)\, z'$, $n \in H(GF(a(f)), \delta(x))$, n monomorph. *Dann besitzt F Analysierende:* für jedes $x \in ob(L)$ ist analysierend die Menge $C(x) = (GF)^{-1}(a(m)) \cap ob(K)$ aller Urbilder unter GF von Elementen $a(m)$ für $m \in S(\delta(x))$. Sei nämlich $b \in ob(K)$, $z \in H(x, F(b))$, und sei $\langle z', f, n \rangle$ durch δ bestimmt; sei $m \in S(\delta(x))$ und $m\bar{h} = n$ für ein $\bar{h}$ mit $\mathrm{iso}(\bar{h})$, also $a(\bar{h}) = GF(a(f))$, $b(\bar{h}) = a(m)$. Da GF transportierbar, existiert h in K_0 mit $\mathrm{iso}(h)$, $a(h) = a(f)$, $GF(h) = \bar{h}$, also $GF(b(h)) = b(\bar{h}) = a(m)$, $b(h) = a(h^{-1}) = a(fh^{-1}) \in C(x)$. Damit erhält man die gewünschte Zerlegung $z = F(f)z' = F(f)F(h^{-1})F(h)z' = F(fh^{-1})F(h)z'$.

Ist K eine Kategorie von Strukturen, M die Kategorie aller Mengen, L Subkategorie von M, G der Einbettungsfunktor von L in M, GF der Projektionsfunktor von K, so finden sich diese Bedingungen an F und G für Systeme von Strukturen bei BOURBAKI [4] und für Kategorien von Strukturen und mit $L = M$ bei MALCEV [36]; beide dieser Autoren zeigen, daß F dann Adjungierte besitzt, wenn außerdem F Erzeugende besitzt und K Produkte hat, die von F erhalten werden. Weiter wurden diese Bedingungen an F und G bei FELSCHER-JARFE [15] verwandt, um notwendige und hinreichende Bedingungen für die Existenz von Adjungierten von F zu geben, aus denen die Bourbaki-Malcevschen Sätze unmittelbar folgen.

Die Existenz einer Funktion δ mit den angegebenen Eigenschaften ist stets gesichert, wenn K eine Kategorie von Algebren und L die Kategorie aller Mengen ist: für jede Menge x setze man $\delta(x) = d(\mathrm{card}(x))$, wobei d eine der in (1.3.2) angegebenen Funktionen ist. Ist K eine Kategorie von kompakten Räumen, so kann man für jede Menge x setzen $\delta(x) = \mathrm{card}(2^{2^x})$: der von einer Menge x in einem kompakten Raum erzeugte kompakte Unterraum, nämlich die abgeschlossene Hülle von x, läßt sich injektiv in die Menge aller eigentlichen Filter über x abbilden — man ordne jedem Punkte μ der abgeschlossenen Hülle von x zu die Spur auf x des Umgebungsfilters von μ; dies ist ein echter Filter über x, und die Zuordnung ist umkehrbar, da ein Hausdorffraum vorliegt.

Bei allen Anwendungen ist man daran interessiert, daß bei einem freien Paar $\langle y, a\rangle$ für x *auch y monomorph ist;* ist K eine Kategorie von Strukturen und L Subkategorie der Kategorie aller Mengen, sind G und F wie soeben bestimmt, so genügt es dazu offenbar, daß je zwei Elemente von x durch eine passende, zu L_0 gehörende Abbildung von x in ein $F(b)$, $b \in ob(K)$, zu trennen sind. Dies ist trivial zu erfüllen, wenn L schon die Kategorie aller Mengen ist und in $ob(K)$ Strukturen mit wenigstens zwei Elemente enthaltender Trägermenge zu finden sind: *jede Klasse von Algebren, die gegen Subalgebren, Produkte und Isomorphismen abgeschlossen ist und zu der mindestens eine nicht singuläre Algebra gehört, besitzt frei erzeugte Algebren mit beliebig vorgegebener Erzeugendenmenge* — die Abgeschlossenheit gegen Subalgebren sichert nämlich, daß der Projektionsfunktor (strikte) Erzeugende besitzt. — Für allgemeines L ist der Nachweis, daß y monomorph ist, meist der schwierigere Teil im Existenzbeweis freier Paare; ist etwa K die Kategorie aller kompakten, L die aller Hausdorffräume, so kann man in einem für x freien Paar $\langle y, a\rangle$ die Monomorphie von y im allgemeinen nur dadurch sichern, daß x noch als vollständig regulär vorausgesetzt wird; a ist dann gerade die *Stone-Čech-Kompaktifizierung* von x (vgl. BOURBAKI [4]). Neben den zahlreichen, etwa bei BOURBAKI [4] zu findenden Beispielen seien hier noch die folgenden erwähnt.

Eine *topologische Algebra* ist eine Algebra im Sinne von (1.3.2), die zugleich mit einer Hausdorff-Topologie so versehen ist, daß sämtliche Operationen stetig sind; weiter verlange man von Subalgebren auch topologische Abgeschlossenheit der Trägermenge und von Homomorphismen auch Stetigkeit. Da die topologisch abgeschlossene Hülle einer unter den algebraischen Operationen abgeschlossenen Menge wieder unter diesen Operationen abgeschlossen ist, kann man eine passende Funktion δ konstruieren, indem man die für Algebren und für kompakte Räume angegebenen Funktionen superponiert. Damit erhält man für Kategorien K topologischer Algebren die Existenzsätze für freie topologische Algebren nach MALCEV [35], [36]; für spezielle Untersuchungen über die Möglichkeit, y als monomorph zu erreichen, vergleiche man SWIERCZKOWSKI [52].

Sei L die Kategorie aller Booleschen Algebren, K die Subkategorie aller zu Mengenkörpern isomorphen Booleschen Algebren, F der Einbettungsfunktur von K in L. Offenbar ist K abgeschlossen gegen Subalgebren und auch gegen Produkte; ist x eine Boolesche Algebra und $\langle y, a\rangle$ frei für x, so ist y monomorph, da sich, zufolge des Primidealtheorems, je zwei Elemente von x durch einen Homomorphismus in die Boolesche Algebra 2 trennen lassen. Dies ist der *Darstellungssatz von Stone.*

Sei α eine feste Kardinalzahl und sei K die Kategorie aller α-vollständigen Verbände; sei x eine geordnete Menge; man vergrößere K zu einer Kategorie L, indem man x als Einheit und als Morphismen alle Ordnungshomomorphismen (oder: alle etwa vorhandene α-Suprema und α-Infima erhaltenden Ordnungshomomorphismen) von x in α-vollständige Verbände hinzufügt; F sei der Einbettungsfunktor von K in L. Da K gegen Produkte und Subalgebren abgeschlossen ist und F Produkte erhält, existiert $\langle y, a\rangle$

frei für x; y ist monomorph, da die Dedekind-MacNeillesche Vervollständigung von x zu $ob(K)$ gehört und x in sie unter Erhaltung aller etwa vorhandenen Suprema und Infima eingebettet ist. a ist dann der *freie α-vollständige Verband über x* im Sinne von CRAWLEY-DEAN [8].

Sei K die Kategorie aller α-vollständigen Booleschen Algebren, sei x eine Boolesche Algebra; man vergrößere K zu einer Kategorie L, indem man x als Einheit und als Morphismen alle solchen Booleschen Homomorphismen von x in α-vollständige Boolesche Algebren hinzufügt, die eine feste, vorgegebene Menge J von α-Suprema in x und eine Menge M von α-Infima in x erhalten; F sei wieder der Einbettungsfunktor von K in L. Da K gegen Produkte und Subalgebren abgeschlossen ist und F Produkte erhält (denn Suprema und Infima in Produkten berechnen sich koordinatenweise), existiert $\langle y, a\rangle$ frei für x; y ist monomorph, da die Dedekind-MacNeillesche Vervollständigung einer Booleschen Algebra x wieder eine Boolesche Algebra mit x als Subalgebra ist (Theorem von Stone-Glivenko, vgl. BIRKHOFF [3], S. 161). a ist dann die *freie (J, M, α)-Erweiterung von x* im Sinne von SIKORSKI [48], § 36 (eingeführt zuerst von KERSTAN [30] als „tensorielle $D(J, M)$-treue Boolesche $D(\alpha, \alpha)$-Erweiterung von x"; KERSTAN beweist aber mehr als hier geleistet werden kann, indem dort für x auch allgemeinere Verbände als Boolesche Algebren zugelassen sind; in Booleschen Algebren stimmen jedoch KERSTANs „distributive" Suprema und Infima mit gewöhnlichen Suprema und Infima überein); wenn J und M die Mengen aller in x vorhandenen α-Suprema und α-Infima sind, so ist a die „freie α-reguläre Erweiterung von x" im Sinne von YAQUB [56], sind J und M leer, so ist a die „freie α-Erweiterung von x" im Sinne von YAQUB [56]. — Dies läßt sich verallgemeinern, indem man für K die Kategorie aller α-vollständigen, α-darstellbaren Booleschen Algebren wählt; ist x dann (J, M, α)-darstellbar (d.h. existiert ein die Suprema aus J und die Infima aus M erhaltender Isomorphismus von x auf eine Algebra aus $ob(K)$), so ist y offenbar monomorph, und man erhält für a die freie α-darstellbare (J, M, α)-Erweiterung von x im Sinne von SIKORSKI [48] und YAQUB [56]. Schließlich kann man für K auch die Kategorie aller α-vollständigen, α-distributiven Booleschen Algebren wählen; ist x dann α-distributiv, so y monomorph, da x dann nach PIERCE [39] unter Erhaltung aller etwa vorhandenen α-Suprema und α-Infima in eine Algebra aus $ob(K)$ eingebettet werden kann.

Die in den letzten Beispielen auftretende Unbequemlichkeit, daß die Kategorie L bisweilen von der Booleschen Algebra x abhängt, läßt durch Verwendung der von EHRESMANN [14] eingeführten „Kategorien mit Operatoren" umgehen; man vergleiche dazu FLEISCHER [16] sowie, mit weiteren Beispielen, SONNER [50], [51].

2.7. Für eine Subkategorie B von K war $\mathsf{S}(B_0)$ definiert als die Klasse aller Monomorphismen m aus K_0 mit $b(m) \in ob(B)$; sei nun weiter $g \in \mathsf{P}(B_0)$ genau dann, wenn $g \in K_0$ und eine produktive Familie $(r_i)_I$ in K_0 existiert mit $b(r_i) \in ob(B)$ für alle $i \in I$, $g = r_i$ für ein $i \in I$. Sei $g \in \mathsf{R}(B_0)$ genau dann, wenn $g \in K_0$ und eine produktive Familie $(r_i)_I$ in K_0 existiert sowie ein $m \in K_0$ mit $b(r_i) \in ob(B)$ für alle $i \in I$, mono(m), epi$(r_i m)$ für alle $i \in I$, $g = r_i m$ für ein $i \in I$. Ist B Subkategorie von K, so sei I_B der Einbettungsfunktor von B in K, also die identische Abbildung von B_0 in K_0.

Ist K schwache Zerlegungskategorie mit Faktorobjekten, ist B Subkategorie von K mit $\mathsf{S}(B_0) \subseteq B_0$ und ist I_B dicht, so besitzt I_B strikte Erzeugende und Analysierende. Denn für f aus K_0, $b(f) \in ob(B)$, existiert eine Zerlegung $f = mq$ mit mono(m), epi(q), also $m \in B_0$, wobei q dann $b(q) = a(m)$ erzeugt. Diese Zerlegung läßt sich verfeinern zu $f = mh\bar{q}$ mit iso(h), $\bar{q} \in Q(a(f))$, so daß auch $h \in B_0$, $a(h) = b(\bar{q})$, $b(\bar{q}) \in B_0$. Also ist für jedes $c \in ob(K)$ analysierend die Menge $E(c)$ aller $b(q)$ für $q \in Q(c)$, $b(q) \in B_0$. — Ist weiter B volle Subkategorie von K mit $\mathsf{P}(B_0) \subseteq B_0$ und ist K Kategorie mit Produkten, so ist B Kategorie mit Produkten und I_B erhält Produkte. Damit findet man: ist K schwache Zerlegungskategorie mit Faktorobjekten und Produkten, ist B Subkategorie von K (nicht notwendig voll!) mit $\mathsf{S}(B_0) \subseteq B_0$ und $\mathsf{P}(B_0) \subseteq B_0$ und ist I_B dicht, so besitzt I_B Adjungierte. Man erhält nämlich ein für $c \in ob(K)$ semifreies Paar $\langle f, b \rangle$ durch $r_q f = q$, $b = b(f)$, wobei $(r_q)_{E(c)}$ produktiv und $E(c)$ wie soeben definiert ist; da I_B strikte Erzeugende besitzt, findet man aus $\langle f, b \rangle$ auch ein für c freies Paar. Besitzt nun neben I_B auch F Adjungierte, so besitzt FI_B Adjungierte; es läßt sich aber mehr behaupten: *Ist K schwache Zerlegungskategorie mit Faktorobjekten und Produkten, B Subkategorie von K mit $\mathsf{S}(B_0) \subseteq B_0$, $\mathsf{P}(B_0) \subseteq B_0$, besitzt F Adjungierte und ist FI_B dicht, so besitzt FI_B Adjungierte.* Sei nämlich $\langle \bar{y}, \bar{a} \rangle$ frei für x unter F; da FI_B dicht, existieren $b \in ob(B)$, $z \in H(x, F(b))$, so daß auch $g \in H(\bar{a}, b)$ existiert, nämlich mit $F(g)\bar{y} = z$; folglich ist die zuvor definierte Menge $E(\bar{a})$ nicht leer, und man findet ein für $\bar{a}$ unter I_B freies Paar $\langle f, a \rangle$; dann ist $\langle F(f)\bar{y}, a \rangle$ frei für x unter FI_B.

Sei B Subkategorie von K und FI_B besitze Adjungierte; ist $\langle y, a\rangle$ frei für x unter FI_B, so erzeugt y dann a unter FI_B, nicht notwendig aber unter F. *Gilt jedoch noch* $\mathsf{S}(B_0)\subseteq B_0$ *und besitzt* F *strikte Erzeugende, so erzeugt* y *auch* a *unter* F. Sei nämlich $y = F(m)z$, $\text{mono}(m)$, $b(m)=a$, z erzeugt $a(m)$; wegen $S(B_0)\subseteq B_0$ gilt $a(m)\in B_0$, so daß ein f in B_0 existiert mit $F(f)y=z$, also $y=F(m)F(f)y=F(mf)y$. Da m und f beide in B_0 liegen, folgt hier $mf=a$, so daß m isomorph ist. z erzeugt aber $a(m)$ unter F; folglich erzeugt $y=F(m)z$ dann $a=b(m)$ unter F.

Alle Überlegungen dieses Abschnittes bleiben in Kraft, wenn man eine Bikategorie $\langle K, S, Q\rangle$ mit Faktorobjekten voraussetzt und statt $\mathsf{S}(B_0)\subseteq B_0$ überall nur $\mathsf{Ss}(B_0)=\mathsf{S}(B_0)\cap S\subseteq B_0$ verlangt. Dazu hat man nur stets Monomorphismen als Elemente von S, Epimorphismen als Elemente von Q vorauszusetzen und $Q(a(f))$ durch $Qq(a(f))$ zu ersetzen; im letzten Absatz kann man, da F strikte Erzeugende besitzt, in $y=F(m)z$ dann noch $m\in S$ erreichen. Wenn $\mathsf{Ss}(B_0)\subseteq B_0$, $\langle \bar{y}, \bar{a}\rangle$ frei für x unter F, $\langle F(f)\bar{y}, a\rangle$ frei für x unter FI_B, so gilt auch $f\in Q$: das folgt entweder aus der Konstruktion oder daraus, daß mit $f=m_f q_f$ wegen $\mathsf{Ss}(B_0)\subseteq B_0$ auch schon $\langle F(q_f)\,\bar{y}, b(q_f)\rangle$ frei für x unter FI_B ist.

2.8. Unter Umständen ist es von Nutzen, über eine weitere Konstruktion der für x unter FI_B freien Paare zu verfügen. *Sei dazu* K *Zerlegungskategorie mit Faktorobjekten und Produkten, sei* B *Subkategorie von* K *mit* $\mathsf{R}(B_0)\subseteq B_0$; *besitzt* F *Adjungierte und ist* FI_B *dicht, so besitzt* FI_B *Adjungierte; ist* $\langle \bar{y}, \bar{a}\rangle$ *frei für* x *unter* F *und* $\langle y, a\rangle$ *frei für* x *unter* FI_B, *so existiert ein Epimorphismus* $\bar{q}$ *mit* $y=F(\bar{q})\bar{y}$, *weshalb auch* y *erzeugt* a *unter* F. Sei nämlich $x\in ob(L)$ und sei $\langle \bar{y}, \bar{a}\rangle$ frei für x unter F; sei E die Menge aller $q\in Q(\bar{a})$ so, daß ein Monomorphismus m existiert mit $b(q)=a(m)$, $b(m)\in B_0$; E ist nicht leer, da FI_B dicht. Sei $(r_q)_E$ eine produktive Familie mit $b(r_q)=b(q)$ für $q\in E$, sei h bestimmt durch $r_q h=q$ für $q\in E$, und sei $h=\bar{m}\bar{q}$ mit $\text{mono}(\bar{m})$, $\text{epi}(\bar{q})$ (so daß $\bar{q}$ dem Supremum von E in $Q(\bar{a})$ entspricht). Setzt man $a=b(\bar{q})$, $y=F(\bar{q})\,\bar{y}$, so ist $\langle y, a\rangle$ $ob(B)$-frei für x. Denn wenn $b\in ob(B)$, $z\in H(x, F(b))$, so sei f bestimmt durch $f\in H(\bar{a}, b)$, $z=F(f)\,\bar{y}$; sei $f=mq$ mit $\text{mono}(m)$, $q\in Q(\bar{a})$, also $q\in E$, $f=mr_q\bar{m}\bar{q}$; mithin gilt $z=F(mr_q\bar{m})\,y$. Gilt weiter $z=F(g)\,y$, $g\in H(a, b)$, so folgt $g\bar{q}=f$; wenn $g=m_g q_g$, $\text{mono}(m_g)$, $\text{epi}(q_g)$, so folgt $f=mq=m_g q_g\bar{q}$, so daß ein t mit $\text{iso}(t)$, $tq=q_g\bar{q}$, $m_g=mt^{-1}$ existiert. Damit findet man $tq=tr_q\bar{m}\bar{q}=q_g\bar{q}$, also $tr_q\bar{m}=q_g$, $g=m_g q_g=mr_q\bar{m}$. — Aus dem Bewiesenen folgt weiter $r_q\bar{m}=t^{-1}q_g$, so daß $r_q \bar{m}$ epimorph ist; aus der Konstruktion von a folgt wegen $\mathsf{R}(B_0) \subseteq B_0$ daher $a \in ob(B)$.

Die vorstehenden Überlegungen bleiben korrekt, wenn man K nicht als Zerlegungskategorie mit Faktorobjekten sondern eine Bikategorie $\langle K, S, Q\rangle$ voraussetzt und statt $\mathsf{R}(B_0) \subseteq B_0$ nur $\mathsf{Rq}(B_0) \subseteq B_0$ verlangt, wobei die Definition von $\mathsf{Rq}(B_0)$ aus der von $\mathsf{R}(B_0)$ entsteht, indem man dort mono(m), epi$(r_i\, m)$ durch $m \in S$, $r_i\, m \in Q$ ersetzt; statt der Existenz von Epimorphismen kann man dann wieder die von Elementen aus Q behaupten, und im besonderen gehört $\bar{q}$ zu Q.

3.1. F besitze *beinahe strikte Analysierende*, wenn für jedes $x \in ob(L)$ eine Menge $D(x) \subseteq ob(K)$ so existiert, daß es zu jedem Paar $\langle z, b\rangle$ mit $b \in ob(K)$, $z \in H(x, F(b))$ ein Paar $\langle z', m\rangle$ gibt mit $a(m) \in D(x)$, $b(m) = b$, mono(m), $z = F(m)\, z'$, z' erzeugt $a(m)$; ist außerdem F dicht, so daß kein $D(x)$ leer ist, so besitze F strikte Analysierende. *Besitzt F Erzeugende und Analysierende, ist K schwache Zerlegungskategorie mit Faktorobjekten und, falls in der zugrunde gelegten Mengenlehre das Fundierungsaxiom nicht vorausgesetzt wird, auch mit Subobjekten, so besitzt F strikte Analysierende.* Sei nämlich $C(x)$ eine für x analysierende Menge, sei $c \in C(x)$ und $y \in H(x, F(c))$; da F strikte Erzeugende besitzt, existiert y' und m mit $y = F(m)\, y'$, $b(m) = c$, mono(m), y' erzeugt $a(m)$. Man konstruiert nun zunächst eine Menge E_c, die für jedes y aus $H(x, F(c))$ ein solches m enthält: hat K Subobjekte, so kann man dies durch Wahl von m in $S(c)$ erreichen, anderen Falles hat man das Auswahlaxiom für Klassen zusammen mit dem Fundierungsaxiom zu verwenden. Aus E_c konstruiere man D_c als die Menge aller b so, daß ein m in E_c und ein q in $Q(a(m))$ mit $b = b(q)$ existieren; schließlich sei $D(x)$ die Vereinigung aller D_c für $c \in C(x)$.

3.2. F heißt *monoliftend*, wenn aus $F(f) = F(m)\, z$, mono(m), die Existenz eines g mit $f = mg$, $F(g) = z$ folgt. *Ist K Zerlegungskategorie, F treu, und besitzt F Adjungierte, so ist F monoliftend.* Sei nämlich $F(f) = F(m)\, z$, mono(m), und sei $\langle y, a\rangle$ frei für $a(z)$. Man bestimme q und g durch $q \in H(a, a(f))$, $g \in H(a, a(m))$, $F(q)\, y = F(a(f)) = a(z)$, $F(g)\, y = z$; da F treu, gilt epi(q). Sei ferner $g = m_g q_g$, $f = m_f\, q_f$ mit mono(m_g), mono(m_f), epi(q_g), epi(q_f); man findet $F(m)\, F(g)\, y = F(m)\, z = F(f) = F(f)\, F(q)\, y$, also $mg = fq$, $m m_g q_g = m_f\, q_f\, q$, so daß ein h mit iso(h), $m m_g h = m_f$, $h^{-1} q_g = q_f\, q$ existiert. Setzt man $\bar{g} = m_g h q_f$, so folgt $m\bar{g} = m m_g h q_f = m_f\, q_f = f$ und auch $mg = m m_g q_g = m m_g h q_f\, q = m\bar{g} q$, also $g = \bar{g} q$, $z = F(g)\, y = F(\bar{g})\, F(q)\, y =$

$F(\bar{g})$. — Ist allgemeiner $\langle K, S, Q\rangle$ Bikategorie derart, daß jedes epimorphe q, für das auch $F(q)$ epimorph ist, schon zu Q gehört, so liftet unter den restlichen Voraussetzungen F immer noch Elemente aus S. Denn q liegt dann in Q, da $F(q)$ wegen $F(q)\,y = a(z)$ auch epimorph ist.

Ist K Zerlegungskategorie, ist F monoliftend und besitzt F beinahe strikte Analysierende, so läßt sich K zu einer Kategorie mit Faktorobjekten machen (dabei wird übrigens nicht gebraucht, daß in der Definition in 3.1 auch z' erzeugt $a(m)$ gesichert wurde). Ist nämlich q epimorph, $a(q) = a$, so zerlege man $F(q) = F(m)\,z$ mit $a(m) \in D(F(a))$; es existiert dann ein g mit $q = mg$. Mit mg ist auch m epimorph, also isomorph, da K Zerlegungskategorie war. Damit ist g epimorph, q also linksäquivalent einem Epimorphismus g mit $b(g) \in D(F(a))$. Diese g bilden aber eine Menge, und Anwendung des Auswahlaxioms liefert eine Menge $Q(a)$ von Faktorobjekten von a.

3.3. Sei V eine kleine Kategorie; K hat *beinahe induktive Limites* über V, wenn für jeden Funktor T von V in K, zu dem es eine T-koFamilie gibt, ein induktiver Limes existiert. Dual definiert man, daß K beinahe projektive Limites über V habe.

Sei K Kategorie mit Produkten, F habe beinahe strikte Analysierende und sei monoliftend; ist V eine kleine Kategorie und hat L induktive Limites über V, so hat K beinahe induktive Limites über V. Zum Beweis sei T ein Funktor von V in K, für den eine T-koFamilie $(g_v)_{ob(V)}$ existiert; sei $(s_v)_{ob(V)}$ ein induktiver Limes des Funktors FT in L_0, $s = b(s_v)$ für $v \in ob(V)$. Da $(F(g_v))_{ob(V)}$ eine FT-koFamilie ist, existiert ein z mit $F(g_v) = z s_v$ für alle $v \in ob(V)$. Sei $z = F(m)\,t$ mit $\operatorname{mono}(m)$, $a(m) \in D(s)$, $b(m) = b(g_v)$ für $v \in ob(V)$, t erzeugt $a(m)$. Da F monoliftend, folgt aus $F(g_v) = F(m)\,t s_v$ die Existenz von $(\bar{g}_v)_{ob(V)}$ mit $g_v = m\bar{g}_v$ und $F(\bar{g}_v) = t s_v$ für alle $v \in ob(V)$. Dann ist $(\bar{g}_v)_{ob(V)}$ eine T-koFamilie: für $w \in V_0$ gilt $g_{b(w)}\,T(w) = g_{a(w)}$, also $m\bar{g}_{b(w)}\,T(w) = m\bar{g}_{a(w)}$; da m monomorph, folgt $\bar{g}_{b(w)}\,T(w) = \bar{g}_{a(w)}$. Für b aus $D(s)$ sei nun $A(b)$ die Klasse aller T-koFamilien $(h_v)_{ob(V)}$ mit $b(h_v) = b$ für $v \in ob(V)$; $A(b)$ ist eine Menge, denn jedes Element α von $A(b)$ ist auch Element der Menge $(\bigcup\langle H(T(v), b)\,|\,v \in ob(V)\rangle)^{ob(V)}$; wenn $\alpha = (h_v)_{ob(V)}$, so setze man $h_v^\alpha = h_v$ für $v \in ob(V)$, $b_\alpha = b$. Sei A die Menge $\bigcup\langle A(b)\,|\,b \in D(s)\rangle$; dann ist gezeigt, daß jede T-koFamilie $(g_v)_{ob(V)}$ eine T-koFamilie $(\bar{g}_v)_{ob(V)}$ aus A mit $g_v = m\bar{g}_v$ für $v \in ob(V)$, $\operatorname{mono}(m)$, bestimmt; insbesondere ist also A nicht leer. Sei $(r_\alpha)_A$ eine produktive Familie in K mit $b(r_\alpha) = b_\alpha$; für jedes $v \in ob(V)$ existiert f_v so, daß $h_v^\alpha = r_\alpha f_v$ für alle $\alpha \in A$; $(f_v)_{ob(V)}$ ist eine

T-koFamilie, da für $w \in V_0$ gilt $r_\alpha f_{b(w)} T(w) = h^\alpha_{b(w)} T(w) = h^\alpha_{a(w)} = r_\alpha f_{a(w)}$ für alle $\alpha \in A$, also $f_{b(w)} T(w) = f_{a(w)}$. Sei $(\bar{f}_v)_{ob(V)}$ die durch $(f_v)_{ob(V)}$ bestimmte T-koFamilie aus A, so daß $\bar{m}, \bar{t}$ existieren mit $f_v = \bar{m} \bar{f}_v$, $F(\bar{f}_v) = \bar{t} s_v$ für alle $v \in ob(V)$, mono$(\bar{m})$, $\bar{t}$ erzeugt $a(\bar{m})$; es wird behauptet, daß $(\bar{f}_v)_{ob(V)}$ induktiver Limes von T ist. Ist nämlich $(g_v)_{ob(V)}$ eine T-koFamilie, so sei $\alpha = (h^\alpha_v)_{ob(V)}$ die T-koFamilie aus A mit $g_v = m h^\alpha_v$ für alle $v \in ob(V)$; mit $h = m r_\alpha \bar{m}$ gilt dann $g_v = m r_\alpha f_v = m r_\alpha \bar{m} \bar{f}_v = h \bar{f}_v$ für alle $v \in ob(V)$; endlich folgt aus $h \bar{f}_v = \bar{h} \bar{f}_v$ für alle $v \in ob(V)$ auch $F(h) F(\bar{f}_v) = F(h) \bar{t} s_v = F(\bar{h}) \bar{t} s_v$, da $(s_v)_{ob(V)}$ induktiver Limes also $F(h) \bar{t} = F(\bar{h}) \bar{t}$, und da $\bar{t}$ erzeugt $a(\bar{m})$ auch $h = \bar{h}$. — *Ist K noch schwache Zerlegungskategorie und, mit den soeben verwendeten Bezeichnungen,* $\langle y, a \rangle$ *frei für s, so ist das durch* $F(f)\, y = \bar{t}$ *eindeutig in* $H(a, a(\bar{m}))$ *bestimmte f epimorph.* Aus $f = m' q'$ mit mono(m'), epi(q') folgt nämlich, da F monoliftend und $F(\bar{f}_v) = \bar{t} s_v = F(m') F(q') y s_v$, die Existenz einer T-koFamilie $(f'_v)_{ob(V)}$ mit $F(f'_v) = F(q') y s_v$, $\bar{f}_v = m' f'_v$ für alle $v \in ob(V)$; diese ist induktiver Limes von T. Denn ist für eine T-koFamilie $(g_v)_{ob(V)}$ schon h durch $g_v = h \bar{f}_v$ bestimmt, so auch $g_v = h m' f'_v = h_1 f'_v$ für alle $v \in ob(V)$; aus $h_1 f'_v = h_2 f'_v$ für alle $v \in ob(V)$ folgt aber $F(h_1) F(f'_v) = F(h_1) F(q') y s_v = F(h_2) F(q') y s_v$, $F(h_1 q') y = F(h_2 q') y$, $h_1 q' = h_2 q'$, $h_1 = h_2$. Folglich existiert ein Isomorphismus h' mit $\bar{f}_v = h' f'_v = m' f'_v$ für alle $v \in ob(V)$, und da $(f'_v)_{ob(V)}$ induktiver Limes ist, gilt $m' = h'$, so daß m' isomorph ist.

Dieser Beweis ist im übrigen nichts anderes als eine Repetition des Existenzbeweises für adjungierte Funktoren. Da nämlich V klein ist, existiert die Kategorie $H(V, K)$ aller natürlichen Transformationen (T, n, T') zwischen Funktoren T, T' von V in K (vgl. etwa FREYD [18]: n ist Abbildung von $ob(V)$ in K_0 mit $T'(w)\, n(a(w)) = n(b(w))\, T(w)$ für alle $w \in V_0$; $(T'', n', T''')(T, n, T') = (\bar{T}, \bar{n}, \bar{T}')$ ist genau dann erklärt, wenn $T = \bar{T}$, $T' = T''$, $T''' = \bar{T}'$, $\bar{n}(v) = n'(v)\, n(v)$ für alle $v \in ob(V)$ gilt; Einheiten von $H(V, K)$ sind genau die (T, n_T, T) mit $n_T(v) = T(v)$, $v \in ob(V)$, für alle Funktoren T von V in K). Für $a \in ob(K)$ erhält man einen Funktor C_a durch $C_a(w) = a$ für alle $w \in V_0$; damit findet man den „konstanten" Funktor C von K in $H(V, K)$ mit $C(f) = (C_{a(f)}, n_f, C_{b(f)})$, wobei $n_f(v) = f$ für alle $v \in ob(V)$. Jede T-koFamilie $(g_v)_{ob(V)}$ bestimmt ein Element (T, n, C_b) von $H(V, K)$ durch $b = b(g_v)$, $n(v) = g_v$ für $v \in ob(V)$, und jedes Element (T, n, C_b) ist auf diese Art zu gewinnen; daß T einen induktiven Limes besitze besagt also gerade, daß unter dem Funktor C ein für (T, n_T, T) freies Paar $\langle (T, n, C_b), b \rangle$ existiere, und

$(n(v))_{obV}$ ist dann dieser induktive Limes (vgl. KAN [27]). Nun erhält C stets Produkte (CALENKO in [33]) und sogar projektive Limites; es ist daher nur noch eine für (T, n_T, T) analysierende Menge D zu finden und für jedes (T, n, C_b) mit $b \in D$ eine Zerlegung $(T, n, C_b) = C(f)(T, n', C_{a(f)})$, wobei $(T, n', C_{a(f)})$ erzeugt $a(f)$ (vgl. 2.3). Erklärt man $(s_v)_{ob(V)}$ und s wie zuvor, so kann man für D die Menge aller derjenigen b aus $D(s)$ wählen, für die ein Element (T, n, C_b) in $H(V, K)$ existiert: Ist (T, n, C_b) beliebig in $H(V, K)$ gegeben, so ist, da $(n(v))_{ob(V)}$ T-koFamilie, dann $(F(n(v)))_{ob(V)}$ $F\,T$-koFamilie, so daß $F(n(v)) = z s_v$ für ein $z \in L_0$ und alle $v \in ob(V)$. Da $z = F(m)t$ mit mono(m), $a(m) \in D(s)$, t erzeugt $a(m)$, und da F monoliftend, folgt aus $F(n(v)) = F(m)\, t s_v$ die Existenz von $\bar{n}(v)$ mit $n(v) = m \cdot \bar{n}(v)$ und $F(\bar{n}(v)) = t s_v$ für $v \in ob(V)$; $(\bar{n}(v))_{ob(V)}$ ist T-koFamilie, $a(m)$ liegt in D, und es gilt $(T, n, C_b) = C(m) \cdot (T, \bar{n}, C_{a(m)})$ — existiert also mindestens eine T-koFamilie, so ist D nicht leer. In der letzten Zerlegung gilt aber $(T, \bar{n}, C_{a(m)})$ erzeugt $a(m)$: aus $C(h)(T, \bar{n}, C_{a(m)}) = C(\bar{h})(T, \bar{n}, C_{a(m)})$ folgt $h\bar{n}(v) = \bar{h}\bar{n}(v)$ für alle $v \in ob(V)$, also wieder $F(h)F(\bar{n}(v)) = F(h)\, t s_v = F(\bar{h})\, t s_v$ für alle $v \in ob(V)$, $F(h)t = F(\bar{h})t$, $h = \bar{h}$.

3.4. Der Satz aus 3.3 bleibt richtig, wenn eine Bikategorie $\langle K, S, Q\rangle$ vorliegt und F statt monoliftend nur als S-Elemente liftend vorausgesetzt wird. In einer Bikategorie kann man nämlich die Elemente m, die in der Definition beinahe strikt Analysierender in 3.1 auftreten, schon in S wählen; der Beweis in 3.3 gebraucht aber nur, daß F solche Elemente aus S liftet. Die in der zusätzlichen Betrachtung am Ende des Beweises in 3.3 gemachte Behauptung, daß ein Morphismus f epimorph sei, läßt sich in einer Bikategorie zu $f \in Q$ verschärfen.

Einen Spezialfall des Satzes von 3.3 erhält man in der folgenden Situation. *K sei eine schwache Zerlegungskategorie mit Faktorobjekten* (oder eine Bikategorie mit Faktorobjekten), *B eine volle Subkategorie von K mit Produkten und* $\mathsf{S}(B_0) \subseteq B_0$ (oder nur $\mathsf{Ss}(B_0) \subseteq B_0$); *hat K dann für eine kleine Kategorie V induktive Limites, so B beinahe induktive Limites.* Da B volle Subkategorie von K, ist der Funktor I_B nämlich monoliftend (oder doch S-Elemente liftend), und I_B hat beinahe strikte Analysierende: für $x \in ob(K)$ kann man als $D(x)$ wieder die Menge aller $b(q)$ mit $q \in Q(x)$ (oder $q \in Qq(x)$), $b(q) \subset ob(B)$, wählen. — Dieser neue Satz nun hat den Vorzug, eine Dualisierung zu gestatten: *Sei K schwache Zerlegungskategorie mit Subobjekten, B eine volle Subkategorie von K*

mit Koprodukten und $\mathsf{Q}(B_0) \subseteq B_0$; *dabei sei* $\mathsf{Q}(B_0)$ *die Klasse aller* $q \in K_0$ *mit* epi(q), $a(q) \in ob(B)$. *Hat K dann für eine kleine Kategorie V projektive Limites, so B beinahe projektive Limites.* Ist im besonderen K eine Kategorie von Algebren und sind die projektiven Limites speziell Produkte, so erhält man damit das Ergebnis der Arbeit von HEWITT [19].

3.5. Anwendungen dieser Konstruktionen sind die Existenzsätze über freie und amalgamierte Produkte in Klassen von Algebren. Ist K eine Kategorie von Algebren, $(a_i)_I$ eine Familie aus $ob(K)$, so versteht man unter einem *freien Produkt* von $(a_i)_I$ eine koproduktive Familie $(f_i)_I$ mit $a(f_i) = a_i$ und mono(f_i) für $i \in I$ (eingeführt von SIKORSKI [47]); ist $(g_i)_I$ eine kofondale Familie in K_0 mit mono(g_i) für $i \in I$, so versteht man unter einem *amalgamierten Produkt* von $(b(g_i))_I$ mit dem *Amalgam* $a(g_i)$ unter $(g_i)_I$ ein Kofiberprodukt $(f_i)_I$ von $(g_i)_I$ mit mono(f_i) für $i \in I$. Man wähle nun in 3.3 L als die Kategorie aller Mengen und F als den Projektionsfunktor; genügen K und F den dort gemachten Voraussetzungen (wofür 3.1, 3.2 bequeme Kriterien liefern), so existiert ein freies Produkt von $(a_i)_I$ genau dann, wenn $(a_i)_I$ die *schwache Einbettungseigenschaft* hat: es existiert eine koterminale Funktion $(\bar{f}_i)_I$ mit $a(\bar{f}_i) = a_i$ und mono$(\bar{f}_i)$ für $i \in I$; es genügt sogar: für alle $j \in I$ und alle Paare $\langle \lambda, \mu \rangle$ von Elementen aus $F(a_j)$ existiert eine koterminale Funktion $(\bar{f}_i)_I$ mit $a(\bar{f}_i) = a_i$ für $i \in I$ so, daß $F(\bar{f}_j)$ für λ und μ verschiedene Werte hat. Ein amalgamiertes Produkt von $(b(g_i))_I$ unter $(g_i)_I$ existiert genau dann, wenn $(g_i)_I$ die *schwache Amalgamierungseigenschaft* hat: es existiert eine koterminale Funktion $(\bar{f}_i)_I$ mit $\bar{f}_i g_i = \bar{f}_j g_j$ und mono$(\bar{f}_i)$ für alle i, j aus I (vgl. hierzu JÓNSSON [25], [26], wo sich eine Reihe weiterer, ebenfalls für allgemeine Kategorien richtiger Sätze über die schwache Amalgamierungseigenschaft findet, bei JÓNSSON [26] auch ein Beispiel dafür, daß die strikte Amalgamierungseigenschaft von (1.4.9) im allgemeinen nicht aus der schwachen folgt). Der Nachweis der schwachen Einbettungs- oder der schwachen Amalgamierungseigenschaft ist nun im allgemeinen wieder mühsam. In Kategorien von Algebren ist die schwache Einbettungseigenschaft für $(a_i)_I$ erfüllt, falls alle a_i paarweise isomorph sind (so daß insbesondere freie Potenzen existieren; vgl. dazu die Bemerkung am Schluß von 1.2); sie gilt für jede Familie aus $ob(K)$, falls jede Algebra aus $ob(K)$ eine singuläre Subalgebra in $ob(K)$ besitzt (z.B. wenn K die Kategorie aller Gruppen oder die Kategorie aller Ringe ohne ausgezeichnetes Einselelement oder die Kategorie aller (distributiven) Verbände ist: SIKORSKI [47]). Für die Kategorie K aller Booleschen Algebren gilt die schwache Einbettungseigenschaft für jede Familie $(a_i)_I$, in der entweder keines oder alle a_i singulär sind, da wegen des Stoneschen Darstellungssatzes jede solche Familie in eine hinreichend hohe Potenz der Booleschen Algebra 2 eingebettet werden kann. K hat also Koprodukte; K hat aber auch Kokerne, wie man durch Deutung Boolescher Homomorphismen als Homomorphismen Boolescher Ringe sieht; also hat K beliebige induktive Limites. Ebenfalls aus dem Stoneschen Darstellungssatz folgt die schwache Amalgamierungseigenschaft, und zwar kann man dabei die $(\bar{f}_i)_I$ so wählen, daß für $i \neq j$ die Bildmengen der Abbildungen $F(\bar{f}_i)$ und $F(\bar{f}_j)$ in der Menge $F(b(\bar{f}_i))$ genau die Bildmenge der Abbildung $F(\bar{f}_i g_i)$ gemeinsam haben; damit gilt dann auch die strikte Amalgamierungseigenschaft und sogar bei beliebiger Indexmenge I (vgl. hierzu auch DWINGER-YAQUB [11]). Für Familien $(a_i)_I$, bei denen entweder keines oder alle der a_i singuläre Algebren sind, haben CHRISTENSEN-PIERCE [7] sowie SIKORSKI und TRACZYK (in SIKORSKI [48]) die schwache Einbettungseigenschaft gezeigt, falls K die Kategorie aller (i) α-vollständigen Booleschen Algebren oder (ii) α-vollständigen, α-darstellbaren Booleschen Algebren oder (iii) α-vollständigen, α-distributiven Booleschen Algebren ist; für (i), (ii) vergleiche auch DWINGER-YAQUB [12]. PIERCE [40] hat zur Behandlung von (iii) allgemeine Konstruktionen für freie Produkte in Klassen von Algebren angegeben, die sich auch für passende Kategorien durchführen lassen.

Teil 3. Primitive Klassen

In diesem Teil seien K und L Kategorien und F sei ein Funktor von K in L. Abgesehen vom Abschnitt 5, sei K Zerlegungskategorie mit Produkten, Sub- und Faktorobjekten; F sei treu und besitze Adjungierte, $\langle \bar{y}, \bar{a} \rangle$ sei frei für $a(\bar{y})$ mit $\bar{y} \in L_0$, $\bar{a} \in ob(K)$. C sei stets eine Subklasse von $ob(K)$.

1.1. Sei $C \subseteq ob(K)$, $[C]$ die von C erzeugte volle Subkategorie von K, I_C der Einbettungsfunktor von $[C]$ in K; C heiße *dicht*, wenn $F I_C$ dicht ist. Sei $\mathsf{So}(C)$ die Klasse aller $a(m)$ für $m \in K_0$, mono(m), $b(m) \in C$, sei $\mathsf{Qo}(C)$ die Klasse aller $b(q)$ für $q \in K_0$, epi(q), $a(q) \in C$; weiter sei $\mathsf{Po}(C)$ die Klasse aller Produkte mit Faktoren aus C, d.h. die Klasse aller $a \in ob(K)$, für die eine produktive Familie $(r_i)_I$ in K_0 existiert mit $a(r_i) = a$, $b(r_i) \in C$ für alle $i \in I$; sei $\mathsf{Ro}(C)$ die

Klasse aller subdirekten Produkte mit Faktoren aus C, d.h. die Klasse aller $a \in ob(K)$, für die eine produktive Familie $(r_i)_I$ in K_0 existiert sowie ein $m \in K_0$ mit mono(m), $a(r_i m) = a$, epi$(r_i m)$, $b(r_i) \in C$ für alle $i \in I$. Dann ist etwa $\mathsf{So}(C) \subseteq C$ gleichbedeutend mit $\mathsf{S}([C]_0) \subseteq [C]_0$, $\mathsf{Po}(C) \subseteq C$ gleichbedeutend mit $\mathsf{P}([C]_0) \subseteq [C]_0$. Die Klasse C heiße *1-primitiv*, wenn $\mathsf{So}(C) \subseteq C$, $\mathsf{Po}(C) \subseteq C$, $\mathsf{Qo}(C) \subseteq C$ gelten und C dicht ist; C heiße *2-primitiv*, wenn $\mathsf{Ro}(C) \subseteq C$, $\mathsf{Qo}(C) \subseteq C$ gelten und C dicht ist; C heiße *3-primitiv*, wenn $\mathsf{Qo}(C) \subseteq C$ gilt, FI_C Adjungierte besitzt (so daß C dicht ist), und wenn aus $\langle y, a \rangle$ frei unter FI_C für $a(y)$ folgt y erzeugt a unter F. Ist C 1-primitiv, so auch 2-primitiv, ist C 2-primitiv, so auch 3-primitiv [vgl. (2.2.8)].

1.2. Sei $b \in ob(K)$, $q \in Q(\bar{a})$. *q gilt in b*, wenn für jedes $f \in H(\bar{a}, b)$ ein g existiert mit $f = gq$; in diesem Falle existiert g sogar so, daß $q_f = gq$. Sei $C \subseteq ob(K)$; die Menge $E(C)$ aller $q \in Q(\bar{a})$, die in allen $b \in C$ gelten, enthält jedenfalls $\bar{a}$ und besteht genau aus allen oberen Schranken (in $Q(\bar{a})$) aller q_f für $f \in H(\bar{a}, b)$, $b \in C$; ist die Menge $E(C)$ nach unten beschränkt, so existiert ihr Infimum $q(C)$ in $Q(\bar{a})$, das zugleich Supremum aller jener q_f ist, also noch zu $E(C)$ gehört; folglich gilt q aus $Q(\bar{a})$ in allen $b \in C$ genau dann, wenn $q(C) \leqq q$. Im Spezialfall $C = \{b\}$ setze man noch $q_b = q(\{b\})$, so daß für beliebiges C dann $q(C)$, falls definiert, auch Supremum aller q_b für $b \in C$ ist. Enthält $Q(\bar{a})$ kein kleinstes Element, so ist $E(C)$ nach unten beschränkt genau dann, wenn für wenigstens ein $b \in C$ die Menge $H(\bar{a}, b)$ nicht leer ist; dies tritt jedenfalls dann ein, wenn C dicht ist: existiert etwa $b \in C$ so, daß $H(a(\bar{y}), F(b))$ ein Element z enthält, so existiert auch $f \in H(\bar{a}, b)$, nämlich mit $F(f)\bar{y} = z$. Sei weiter für $q \in Q(\bar{a})$ nun $ob(q)$ die Klasse aller $b \in ob(K)$, in denen q gilt; aus den Definitionen folgt $C \subseteq ob(q(C))$ und $q(ob(q)) \leqq q$, sofern $q(C)$ und $q(ob(q))$ existieren. Weiter folgt für Klassen C, $\bar{C}$ aus $C \subseteq \bar{C}$ stets, daß mit $q(C)$ auch $q(\bar{C})$ existiert und $q(C) \leqq q(\bar{C})$ gilt, und für q, $\bar{q}$ aus $Q(\bar{a})$ hat $q \leqq \bar{q}$ auch $ob(q) \subseteq ob(\bar{q})$ zur Folge; daher gilt für jedes C mit existierendem $q(C)$ dann $q(C) = q(ob(q(C)))$ und für jedes q mit existierendem $q(ob(q))$ auch $ob(q) = ob(q(ob(q)))$.

1.3. Problemstellung und auftretende Begriffe sind von Bedeutung für Kategorien K von Algebren, die mit F als Projektionsfunktor in die Kategorie aller Mengen den eingangs gemachten Voraussetzungen genügen; ist dann C eine Klasse von Algebren aus $ob(K)$, so ist FI_C stets dicht. Jene Voraussetzungen an K sind stets erfüllt, wenn K die Kategorie aller Algebren des betrachteten Typs ist; C ist daher genau dann 1-primitiv, wenn C eine *primitive Klasse* von Algebren ist, d.h. abgeschlossen ist gegen Subalgebren, Produkte und homomorphe Bilder. Sei nun $\langle\bar{y}, \bar{a}\rangle$ frei für $a(\bar{y})$ unter F, also $\bar{a}$ eine von $a(\bar{y})$ frei in K erzeugte Algebra; ist K die Kategorie *aller* Algebren des betrachteten Typs, so heißt $\bar{a}$ auch *absolut* frei von $a(\bar{y})$ erzeugt. Die Paare $\langle\lambda, \mu\rangle$ von Elementen aus $F(\bar{a})$ heißen auch $a(\bar{y})$-*Gleichungen;* eine Gleichung $\langle\lambda, \mu\rangle$ gilt in einer Algebra b, wenn $f(\lambda)=f(\mu)$ für jeden Homomorphismus f von $\bar{a}$ in b; eine Menge M von Gleichungen gilt in b, wenn jede Gleichung aus M in b gilt. Für einen Homomorphismus f von a in b ist die Menge aller $\langle\lambda, \mu\rangle$ mit $f(\lambda)=f(\mu)$ eine Kongruenzrelation R_f auf $\bar{a}$; andererseits bestimmt jede Teilmenge M von $F(\bar{a})\times F(\bar{a})$ eine kleinste M enthaltende Kongruenzrelation $R(M)$ auf $\bar{a}$, nämlich den Durchschnitt aller M enthaltenden Kongruenzrelationen auf $\bar{a}$; eine Menge M von Gleichungen gilt also in b genau dann, wenn $R(M)\subseteq R_f$ für jeden Homomorphismus f von $\bar{a}$ in b; daher ist es erlaubt, statt der Gültigkeit beliebiger Gleichungsmengen nur die von Kongruenzrelationen R zu untersuchen. Ist nun q der natürliche Epimorphismus von $\bar{a}$ auf die Faktoralgebra nach R, so gilt R in b genau dann, wenn im abstrakten Sinne q in b gilt. Da C dicht, existiert $q(C)$ stets, und die $q(C)$ entsprechende Kongruenzrelation R ist, da $q(C)$ Supremum aller q_f, gleich dem Durchschnitt aller Kongruenzrelationen R_f, die durch Homomorphismen f von $\bar{a}$ in b, $b\in C$, geliefert werden; R ist mithin die Menge aller Gleichungen, die in allen $b\in C$ gelten. Ist umgekehrt M eine Menge von Gleichungen und q der natürliche Epimorphismus von $\bar{a}$ auf die Faktoralgebra nach $R(M)$, so ist $ob(q)$ die Klasse aller derjenigen Algebren aus $ob(K)$, in denen die Gleichungen aus M gelten, also *die* durch M definierte Klasse von Algebren. Da stets $ob(q)=ob(q(ob(q)))$, besagt für eine Klasse C dann $C=ob(q(C))$ gerade, daß C durch eine Gleichungsmenge, nämlich die zu $q(C)$ gehörende, definiert sei; da stets $q(C)=q(ob(q(C)))$, besagt für eine Kongruenzrelation R auf $\bar{a}$ mit q als dem natürlichen Epimorphismus von $\bar{a}$ auf die Faktoralgebra nach R dann $q=q(ob(q))$ gerade, daß R die Menge aller in (allen Algebren) einer Klasse, nämlich $ob(q)$, geltenden Gleichungen sei.

2.1. *Für* $q\in Q(\bar{a})$ *gilt stets* $\mathsf{So}(ob(q))\subseteq ob(q)$ *und* $\mathsf{Po}(ob(q))\subseteq ob(q)$. Sei nämlich $m\in K_0$, mono(m), $b(m)\in ob(q)$, $f\in H(\bar{a}, a(m))$; da dann $mf\in H(\bar{a}, b(m))$, folgt $mf=gq$ mit passendem g, also für $f=m_f q_f$, $g=m_g q_g$ auch $mm_f q_f=m_g q_g q$, so daß ein h existiert mit (iso(h) und) $q_f=hq_g q$, $f=m_f hq_g q$: $a(m)$ liegt in $ob(q)$. Sei weiter $(r_i)_I$ eine produktive Familie in K_0 mit $b(r_i)\in ob(q)$ für $i\in I$, sei $f\in H(\bar{a}, a(r_i))$; da dann $r_i f = g_i q$ mit passenden g_i, $i\in I$, kann man g bestimmen durch $r_i g = g_i$ für alle $i\in I$, so daß $r_i f = r_i g q$ für alle $i\in I$, also $f = gq$: $a(r_i)$ liegt in $ob(q)$.

Der Funktor F heiße *Birkhoffsch*, wenn für jedes Paar $\langle\bar{y}, \bar{a}\rangle$ frei für $a(\bar{y})$ und für jedes $q\in Q(\bar{a})$ gilt $\mathsf{Qo}(ob(q))\subseteq ob(q)$. *Sind in L alle Epimorphismen rechtsinvertierbar und erhält F Epimorphismen, so ist F Birkhoffsch; ist F Birkhoffsch, so ist für dichtes C dann $ob(q(C))$ stets 1-primitiv.* Sei nämlich $g\in K_0$, epi(g), $a(g)\in ob(q)$, $f\in H(\bar{a}, b(g))$; da dann epi$(F(g))$, existiert t in L_0 mit $F(g)t = b(F(g))$; bestimmt man $\bar{f}$ in $H(\bar{a}, a(g))$ durch $F(\bar{f})\bar{y} = tF(f)\bar{y}$, so folgt $F(g)F(\bar{f})\bar{y} = F(f)\bar{y}$, also $g\bar{f} = f$; weil aber $\bar{f} = \bar{g}q$ mit passendem $\bar{g}$, folgt $f = g\bar{g}q$: $b(g)$ liegt in $ob(q)$. Die zweite Bemerkung folgt daraus, daß mit C auch jede größere Klasse dicht ist.

Da mit C erst recht $\mathsf{So}(C)$, $\mathsf{Po}(C)$, $\mathsf{Qo}(C)$ dicht sind, folgt für dichtes C nun $q(C) = q(\mathsf{So}(C)) = q(\mathsf{Po}(C))$, und, wenn F Birkhoffsch, auch $q(C) = q(\mathsf{Qo}(C))$. Denn es gilt etwa wegen $C\subseteq\mathsf{So}(C)$ einmal $q(C)\leqq q(\mathsf{So}(C))$, andererseits ergibt $C\subseteq ob(q(C))$ auch $\mathsf{So}(C)\subseteq \mathsf{So}(ob(q(C)))\subseteq ob(q(C))$, also $q(\mathsf{So}(C))\leqq q(ob(q(C))) = q(C)$. — Ist F Birkhoffsch, so erhält man im besonderen für $c\in ob(K)$, $d\in\mathsf{Po}(\{c\})$ dann $q(\{c\}) = q(\{d\})$, da einmal $q(\{d\})\leqq q(\mathsf{Po}(\{c\})) = q(\{c\})$, wegen $c\in\mathsf{Qo}(\{d\})$ aber auch $q(\{c\})\leqq q(\mathsf{Qo}(\{d\})) = q(\{d\})$.

2.2. Sei $a\in ob(K)$, y erzeugt a; sei Ind(y, a) die Klasse aller $b\in ob(K)$ so, daß für jedes $z\in H(a(y), F(b))$ genau ein f existiert mit $f\in H(a, b)$, $F(f)y = z$. *Dann gilt* $\mathsf{So}(\mathrm{Ind}(y, a))\subseteq\mathrm{Ind}(y, a)$, $\mathsf{Po}(\mathrm{Ind}(y, a))\subseteq\mathrm{Ind}(y, a)$; *ist F Birkhoffsch, so auch* $\mathsf{Qo}(\mathrm{Ind}(y, a))\subseteq \mathrm{Ind}(y, a)$ (für Klassen von Algebren: SCHMIDT [43], Theorem 6). Man wähle nämlich $a(\bar{y}) = a(y)$ und bestimme $q\in H(\bar{a}, a)$ durch $F(q)\bar{y} = y$, so daß epi(q); weiter sei $\bar{q}$ das zu q in $Q(\bar{a})$ gehörende Faktorobjekt, so daß $hq = \bar{q}$ für ein h mit iso(h). Dann gilt $ob(\bar{q}) = \mathrm{Ind}(y, a)$. Denn gilt $\bar{q}$ in b aus $ob(K)$, $z\in H(a(y), F(b))$, so existiert $\bar{f}\in H(\bar{a}, b)$ mit $F(\bar{f})\bar{y} = z$, also $\bar{f} = g\bar{q}$ mit passendem g, so daß mit $f = gh$ folgt $F(\bar{f})\bar{y} = F(g)F(h)F(q)\bar{y} = F(f)y = z$; liegt andererseits b in Ind(y, a), $\bar{f}\in H(\bar{a}, b)$, so bestimme man $f\in H(a, b)$ durch $F(f)y = F(\bar{f})\bar{y}$, so daß $fq = \bar{f}$, $\bar{f} = fh^{-1}\bar{q}$, weshalb $b\in ob(\bar{q})$.

2.3. Sei $C\subseteq ob(K)$ so, daß $q(C)$ definiert ist, weiter existiere ein Paar $\langle y, a\rangle$ frei unter FI_C für $a(\bar{y})$ mit y erzeugt a unter F, endlich sei C abgeschlossen gegen Isomorphismen: wenn $h\in K_0$, iso(h), $a(h)\in C$, so $b(h)\in C$ — diese Voraussetzungen sind stets erfüllt, wenn C 3-primitiv ist. *Für $\bar{q}\in Q(\bar{a})$ sind äquivalent $\bar{q} = q(C)$ und* $\langle F(\bar{q})\bar{y},$

$b(\bar{q})\rangle$ *frei unter* FI_C *für* $a(\bar{y})$; *bestimmt man* $q \in H(\bar{a}, a)$ *durch* $F(q)\bar{y} = y$, *also* $\mathrm{epi}(q)$, *so ist* $q(C)$ *das zu* q *gehörende Faktorobjekt, d.h.* $hq = q(C)$ *für ein* h *mit* $\mathrm{iso}(h)$, *so daß auch* $b(q(C)) \in C$ *gilt.* Offenbar folgt die erste Behauptung aus der zweiten; sei also q wie angegeben bestimmt und sei q' das zu q gehörende Faktorobjekt in $Q(\bar{a})$; wegen $a \in C$, $a = b(q)$ und der Abgeschlossenheit von C gegen Isomorphismen gilt $b(q') \in C$; daher gilt $q(C)$ in $b(q')$, $q' \leqq q(C)$. Andererseits gilt q' in jedem $b \in C$, denn wenn $f \in H(\bar{a}, b)$, so existiert $g \in H(a, b)$ mit $F(g)y = F(f)\bar{y}$, $F(g)F(q)\bar{y} = F(f)\bar{y}$, $gq = f$; daraus folgt auch $q(C) \leqq q'$, $q(C) = q'$.

2.4. Sei $C \subseteq ob(K)$ so, daß die Voraussetzungen von 2.3 erfüllt sind, sei $\langle y^*, a^*\rangle$ C-frei für $a(y^*)$, $a(y^*) = a(\bar{y})$, y^* erzeuge a^* unter F, und es existiere $b \in C$ mit $H(a^*, b)$ nicht leer. Analog wie in 1.2 $q(C)$ in $Q(\bar{a})$ definiere man $q^*(C)$ in $Q(a^*)$; weiter sei $q^* \in H(\bar{a}, a^*)$ bestimmt durch $y^* = F(q^*)\bar{y}$. *Dann existiert* g *in* K_0 *mit* $\mathrm{iso}(g)$, $gq(C) = q^*(C)q^*$. Dazu überlege man, daß in 2.3 von $\langle y, a\rangle$ nichts anderes gebraucht wurde, als hier über $\langle y^*, a^*\rangle$ bekannt ist; nach 2.3 ist daher sowohl $\langle F(q(C))\bar{y}, b(q(C))\rangle$ wie auch $\langle F(q^*(C))y^*, b(q^*(C))\rangle$ frei unter FI_C, so daß g existiert mit $g \in H(b(q(C)), b(q^*(C)))$, $\mathrm{iso}(g)$, $F(g)F(q(C))\bar{y} = F(q^*(C))y^*$; wegen $F(q^*(C))y^* = F(q^*(C))F(q^*)\bar{y}$ folgt daraus $gq(C) = q^*(C)q^*$.

Unter den gemachten Voraussetzungen gilt $C \subseteq \mathrm{Ind}(y^*, a^*)$; sei $C \subseteq D \subseteq \mathrm{Ind}(y^*, a^*)$. Analog wie zuvor $ob(q(C))$ innerhalb $ob(K)$ definiere man $ob^*(q^*(C))$ innerhalb D. *Dann folgt aus* $C = ob(q(C))$ *auch* $C = ob^*(q^*(C))$; *wenn noch* $D = \mathrm{Ind}(y^*, a^*)$, *so gilt stets* $ob(q(C)) = ob^*(q^*(C))$. Zunächst hat man stets $ob^*(q^*(C)) \subseteq ob(q(C))$: aus $b \in ob^*(q^*(C))$, also $b \in D$, $\bar{f} \in H(\bar{a}, b)$ folgt die Existenz eines $f \in H(a^*, b)$ mit $F(f)y^* = F(\bar{f})\bar{y}$, so daß $fq^* = \bar{f}$; da aber $f = hq^*(C)$ mit passendem h, folgt $\bar{f} = hq^*(C)q^* = hgq(C)$, $b \in ob(q(C))$. Damit ist die erste Behauptung klar, weil $C = ob(q(C))$ auch $ob(q(C)) = C \subseteq ob^*(q^*(C))$ zur Folge hat. Gilt nun außerdem $D = \mathrm{Ind}(y^*, a^*)$, $b \in ob(q(C))$, $z \in H(a(\bar{y}), F(b))$, so existiert $\bar{f} \in H(\bar{a}, b)$ mit $F(\bar{f})\bar{y} = z$; da $\bar{f} = hq(C)$ mit passendem h, also $\bar{f} = hg^{-1}q^*(C)q^*$, folgt für $f = hg^{-1}q^*(C)$ dann $F(f)y^* = z$; wegen y^* erzeugt a^* unter F ist dabei f eindeutig, so daß jedenfalls $ob(q(C)) \subseteq D$ gilt. Falls nun $b \in ob(q(C))$, $f \in H(a^*, b)$ gegeben, so $fq^* \in H(\bar{a}, b)$, so daß $fq^* = hq(C)$ mit passendem h, $fq^* = hg^{-1}q^*(C)q^*$; wegen $\mathrm{epi}(q^*)$ also $f = hg^{-1}q^*(C)$: mithin gilt $ob(q(C)) \subseteq ob^*(q^*(C))$.

2.5. *Sei* C *3-primitiv,* $b \in ob(K)$, $x \in L_0$, x *erzeugt* b, $z \in H(a(\bar{y}), a(x))$, $\mathrm{epi}(z)$. *Dann folgt aus* $b \in ob(q(C))$ *auch* $b \in C$. Dazu bestimme man

y, a, q wie in 2.3, weiter $f \in H(\bar{a}, b)$ durch $F(f)\,\bar{y} = xz$. Da $q(C)$ in b gilt, existiert g mit $f = gq$; wegen $\mathbf{Qo}(C) \subseteq C$ genügt es daher, epi(g) zu zeigen. Aus $f = gq$ folgt aber $F(g)\,F(q)\,\bar{y} = F(g)\,y = xz$; aus $g_1 g = g_2 g$ folgt daher $F(g_1)\,F(g)\,y = F(g_2)\,F(g)\,y$, $F(g_1)\,xz = F(g_2)\,xz$, $F(g_1)\,x = F(g_2)\,x$, wegen x erzeugt b also $g_1 = g_2$.

3.1. Für eine primitive Klasse C von Algebren und eine absolut frei von $a(\bar{y})$ erzeugte Algebra $\bar{a}$ ist nun das Theorem von BIRKHOFF [2], nämlich $C = ob(q(C))$, leicht einzusehen, sofern man nur die Menge $a(\bar{y})$ genügend groß gewählt hat. Zwar läßt sich, wenn C nicht nur singuläre Algebren enthält, $a(\bar{y})$ nicht so groß finden, daß für jede Algebra b aus C eine Surjektion von $a(\bar{y})$ auf eine Erzeugendenmenge von b existiert; man kann jedoch wie folgt schließen. Sei Δ der Typ der Algebren aus C und ϱ der Rang von Δ (vgl. 1.3.2); man wähle $a(\bar{y})$ so, daß card$(a(\bar{y})) \geqq \varrho$; für jede Algebra b vom Typ Δ sei $E(b, \varrho)$ die Menge aller Subalgebren von b, die von Mengen X mit card$(X) \leqq \varrho$ erzeugt werden. Sei nun $b \in ob(q(C))$; da eine in b geltende Gleichung auch in jeder Subalgebra von b gilt (vgl. 2.1), folgt $E(b, \varrho) \subseteq ob(q(C))$, wegen 2.5 daher $E(B, \varrho) \subseteq C$. Es genügt also zu zeigen, daß für eine primitive Klasse C und eine Algebra b aus $E(b, \varrho) \subseteq C$ folgt $b \in C$. Sei dazu $\langle y, a \rangle$ frei in C für $F(b)$, d.h. a eine C-freie Algebra in C, C-frei erzeugt von $F(b)$. Jede Teilmenge X_i von $F(b)$ mit card$(X_i) \leqq \varrho$ erzeugt in a C-frei eine Subalgebra a_i, in b eine Subalgebra b_i mit $b_i \in E(b, \varrho)$, also $b_i \in C$, so daß sich die Identität von X_i zu einem Epimorphismus q_i von a_i auf b_i fortsetzen läßt; zwei solcher Epimorphismen q_i, q_j stimmen auf dem Durchschnitt ihrer Definitionsbereiche überein, denn aus card$(X_i) \leqq \varrho$, card$(X_j) \leqq \varrho$ folgt (im Falle nicht finitärer Algebren mit Hilfe des Auswahlaxioms) card$(X_i \cup X_j) \leqq \varrho$, so daß q_i, q_j beide Restriktionen des zu der von $X_i \cup X_j$ in a erzeugten Subalgebra gehörigen Epimorphismus sind. Wie in (1.3.2) bewiesen, überdecken aber die a_i ganz a, so daß sich die q_i zu einem Homomorphismus q von a in b zusammenfassen lassen, und q ist epimorph, da auch die b_i ganz b überdecken. Da C gegen epimorphe Bilder abgeschlossen ist, liegt mit a dann auch b in C. — Ist nun das Birkhoffsche Theorem einmal für absolut freie Algebren $\bar{a}$ bewiesen, so folgt aus 2.4, daß es auch allgemeiner gilt, wenn $\bar{a}$ statt absolut frei nur mehr frei erzeugt von $a(\bar{y})$ für irgendeine C umfassende Klasse D von Algebren ist. Es kommt aber sogar schon der hier gegebene Beweis des Birkhoffschen Theorems mit dieser schwächeren Voraussetzung an $\bar{a}$ aus: die Hilfsbetrachtungen

2.3 und 2.5 bleiben für Algebren auch dann korrekt (in 2.5 sieht man zunächst, daß $F(f)$ surjektiv ist, also auch $F(g)$), und die Überlegungen dieses Abschnittes benötigen nur, daß D abgeschlossen ist gegen Subalgebren, was wegen 2.1 angenommen werden kann. Dadurch, daß $\bar{a}$ nicht mehr eine Algebra von Termen zu sein braucht, unterscheidet sich nun der hier gegebene Beweis von denen bei SŁOMINSKI [49] und NEUMANN [38]; unabhängig von dieser Arbeit hat SCHMIDT [44], Satz 26, dasselbe bewiesen, jedoch in recht verschiedenem Zusammenhange. Hingegen ist es im allgemeinen nicht möglich, die Kategorie K aller Algebren zu ersetzen durch die von einer solchen Klasse D erzeugte volle Subkategorie $[D]$ von K: $[D]$ muß noch Zerlegungskategorie sein, und das ist [vgl. (1.5.2)] nur selten der Fall. Im Abschnitt 5 wird aber ausgeführt werden, daß alle Überlegungen dieses dritten Teiles unter geeigneten Modifikationen richtig bleiben, wenn K statt einer Zerlegungskategorie nur mehr eine passende Bikategorie ist; im besonderen ist es möglich, für K die Kategorie $[D]$ zu wählen, wenn D eine gegen Subalgebren, Produkte und Isomorphismen abgeschlossene Klasse von Algebren ist.

Es wird sich nun zeigen, daß der bisher nur für Klassen von Algebren geführte Beweis des Birkhoffschen Theorems auch für allgemeine Kategorien zu formulieren ist, sofern man nur gesichert hat, daß die Überdeckungskonstruktion des konkreten Beweises auch dort möglich ist.

3.2. Sei $\langle y, a\rangle$ frei unter FI_C für $a(y)$, sei $w \in L_0$ mit $\mathrm{mono}(w)$, $b(w)=a(y)$, und seien m in K_0 und z in L_0 bestimmt durch $F(m)z = yw$, $\mathrm{mono}(m)$, z erzeugt $a(m)$. *Ist w linksinvertierbar, so ist $\langle z, a(m)\rangle$ C-frei für $a(z)$; wenn noch $\mathsf{So}(C)\subseteq C$, sogar $\langle z, a(m)\rangle$ frei unter FI_C.* Denn ist t in L_0 bestimmt durch $tw=a(w)=a(z)$, weiter $b\in C$, $s\in H(a(z), F(b))$, so findet man $f\in H(a, b)$ mit $F(f)\,y=st$, also $F(f)\,yw=F(f)\,F(m)\,z=F(fm)\,z=stw=s$.

3.3. Seien x und x_i aus L_0, $b\in ob(K)$, $a(x)=b(x_i)$, $b(x)=F(b)$; dann existiert genau ein m_i in $S(b)$, für das ein z_i zu finden ist mit $F(m_i)z_i=xx_i$, z_i erzeugt $a(m_i)$; m_i heiße *das zu x_i unter x gehörige Subobjekt von b*. Gilt weiter $x_j=x_i s_{ij}$ für x_j, s_{ij} aus L_0, so existiert in K_0 ein — wegen $\mathrm{mono}(m_i)$ eindeutig bestimmtes — t_{ij} mit $m_j=m_i t_{ij}$: man hat nämlich $xx_j=F(m_j)z_j=F(m_i)z_i s_{ij}$, so daß man den zweiten Teil von (2.2.1) anwenden kann.

Sei $v\in ob(L)$; eine Familie $(x_i)_E$ mit $x_i\in L_0$, $\mathrm{mono}(x_i)$, $b(x_i)=v$ für alle $i\in E$ heiße *Zerlegung* von v. Ist $(x_i)_E$ Zerlegung von v, weiter

$b \in ob(K)$, $x \in H(v, F(b))$, und ist m_i das zu x_i unter x gehörige Subobjekt von b, so heiße $(m_i)_E$ *die zu* $(x_i)_E$ *gehörige Zerlegung von* b *unter* x. Sei nun $R \subseteq E \times E$ die Menge aller $\langle i, j \rangle$ so, daß s_{ij} in L_0 existiert mit $x_j = x_i s_{ij}$; R ist dann eine reflexive und transitive Relation auf E. Wie in (1.4.3) definiere man die Kategorie $V(R)$ und damit einen Funktor T von $V(R)$ in K mit $T(i, j) = t_{ij}$, wobei t_{ij} durch $m_j = m_i t_{ij}$ bestimmt ist. $(m_i)_E$ *überdeckt* b, genau wenn $(m_i)_E$ induktiver Limes von T ist.

Sei $u \in ob(L)$; eine Zerlegung $(x_i)_E$ von $v \in ob(L)$ heißt *u-klein*, wenn für alle $i \in E$ ein $t_i \in H(u, a(x_i))$ existiert mit $\mathrm{epi}(t_i)$. *Der Funktor* F *heißt u-überdeckbar, wenn für jedes* $v \in ob(L)$ *eine u-kleine Zerlegung* $(x_i)_E$ *so existiert, daß für alle* $b \in ob(K)$ *und alle* $x \in H(v, F(b))$ *mit* x *erzeugt* b *dann die zu* $(x_i)_E$ *unter* x *gehörige Zerlegung* $(m_i)_E$ *von* b *auch* b *überdeckt.* Wenn noch $\bar{u} \in ob(L)$ und $t \in H(\bar{u}, u)$ existiert mit $\mathrm{epi}(t)$, so hat die u-Überdeckbarkeit von F auch die $\bar{u}$-Überdeckbarkeit zur Folge.

Sei $u \in ob(L)$; wenn b, c in $ob(K)$, so heiße c *u-kleine Substruktur von* b, wenn m, z existieren mit $m \in S(b)$, $c = a(m)$, $z \in H(u, F(c))$, z erzeugt c. Eine Klasse C heiße *u-induktiv*, wenn für alle $b \in ob(K)$ schon $b \in C$ gilt, sofern nur alle u-kleinen Substrukturen von b in C liegen. Wenn noch $\bar{u} \in ob(L)$ und $t \in H(\bar{u}, u)$ existiert mit $\mathrm{epi}(t)$, so hat die u-Induktivität von C auch die $\bar{u}$-Induktivität zur Folge. — Aus der Definition von $ob(q)$ in 1.2 folgt: *wenn* $q \in Q(\bar{a})$, *so ist* $ob(q)$ $a(\bar{y})$*-induktiv.*

Ist K eine Kategorie von Algebren vom Typ $\varDelta$ und ist ϱ der Rang von $\varDelta$, so ist der Projektionsfunktor F u-überdeckbar für jede Menge u mit $\mathrm{card}(u) \geqq \varrho$. Ist K die Kategorie aller topologischen Räume, so ist der zugehörige Projektionsfunktor für kein u u-überdeckbar, wie man am Beispiel der Ordinalzahlen in ihrer Ordnungstopologie sieht. Man kann nun versuchen, sich auf Kategorien solcher topologischen Räume zu beschränken, in denen die Güte der Approximation abzuschätzen ist: sei etwa α eine Kardinalzahl und $K(\alpha)$ die Kategorie aller topologischen Räume a so, daß für jeden Punkt λ von $F(a)$ der Charakter $\chi_a(\lambda)$ kleiner oder gleich als α ist (für $\alpha = \omega$ sind das gerade die Räume, in denen das sog. erste Abzählbarkeitsaxiom gilt); ist dann λ adhärent einer Teilmenge x von $F(a)$, so auch adhärent einer Teilmenge x_λ von x mit $\mathrm{card}(x_\lambda) \leqq \alpha$. Die Kategorien $K(\alpha)$ sind aber für die hier verfolgten Zwecke sehr ungeeignet, denn sie sind nicht abgeschlossen gegen Produkte mit mehr als α Faktoren (für $\alpha = \omega$ etwa bei KELLEY [28],

p. 92). Dieselbe Situation liegt dann auch bei Kategorien topologischer Algebren vor.

3.4. Existiert $u \in ob(L)$ so, daß F u-überdeckbar ist, sind weiter in L alle Monomorphismen linksinvertierbar und alle Epimorphismen rechtsinvertierbar und erhält F Epimorphismen, *so ist jede Subklasse von* $ob(K)$ *dicht.* Sei nämlich $w \in ob(L)$, $a \in ob(K)$; da F dicht, existieren $c \in ob(K)$ und $z \in H(w, F(c))$; wählt man $a(\bar{y}) = u$, so existieren, da F u-überdeckbar, auch f, g mit $f \in H(\bar{a}, c)$, $g \in H(\bar{a}, a)$. Zerlegt man $f = mq$ mit $\operatorname{mono}(m)$, $\operatorname{epi}(q)$, so gilt $\operatorname{mono}(F(m))$, $\operatorname{epi}(F(q))$; ist s Linksinverses zu $F(m)$ und t Rechtsinverses zu $F(q)$, so liegt ts in $H(F(c), F(\bar{a}))$, also $F(g)tsz$ in $H(w, F(a))$.

3.5. Die folgende Bemerkung hat für den Rest dieser Arbeit keine Bedeutung, macht aber deutlich, welche Konsequenzen die u-Überdeckbarkeit von F hat. *Es existiere* $u \in ob(L)$ *so, daß* F *u-überdeckbar ist; wählt man* $a(\bar{y})$ *so, daß* $t \in H(a(\bar{y}), u)$ *existiert mit* $\operatorname{epi}(t)$, *so ist* $\bar{a}$ *Generator von* K. Dazu ist zu zeigen, daß für f_1, f_2 in K_0 aus $a(f_1) = a(f_2)$, $b(f_1) = b(f_2)$, $H^a(f_1) = H^a(f_2)$ folgt $f_1 = f_2$, und das ist bewiesen, wenn man für f_1, f_2 mit $a = a(f_1) = a(f_2)$, $b(f_1) = b(f_2)$, $f_1 \neq f_2$, ein g in $H(\bar{a}, a)$ mit $f_1 g \neq f_2 g$ finden kann. Sei dazu $(x_i)_E$ eine u-kleine Zerlegung von $F(a)$ und sei $(m_i)_E$ eine dazugehörige, a überdeckende Zerlegung von a; wegen $f_1 \neq f_2$ existiert $j \in E$ mit $f_1 m_j \neq f_2 m_j$. Ist z_j bestimmt durch $F(m_j) z_j = x_j$, z_j erzeugt $a(m_j)$, ist t_j bestimmt durch $t_j \in H(u, a(x_j))$, $\operatorname{epi}(t_j)$, und ist g bestimmt durch $g \in H(\bar{a}, a)$, $F(g)\bar{y} = x_j t_j t$, so folgt $F(f_1 g) = F(f_1 m_j) z_j t_j t$, $F(f_2 g) = F(f_2 m_j) z_j t_j t$. Wegen $\operatorname{epi}(t_j t)$ erzeugt auch $z_j t_j t$ noch $a(m_j)$, so daß $f_1 g \neq f_2 g$ gelten muß.

F heiße *streng u-überdeckbar*, wenn F u-überdeckbar ist und für jedes $v \in ob(L)$ die durch die u-Überdeckbarkeit gesicherte Zerlegung $(x_i)_E$ von v so gewählt werden kann, daß für alle w_1, w_2 in L_0 aus $w_1 x_i = w_2 x_i$ für alle $i \in E$ folgt $w_1 = w_2$. Man setze nun voraus, daß F für ein $u \in ob(L)$ auch streng u-überdeckbar ist und wähle $a(\bar{y})$ so, daß $t \in H(a(\bar{y}), u)$ existiert mit $\operatorname{epi}(t)$; *ist dann* y *linksinvertierbar* (also gewiß monomorph), *so ist* $F(\bar{a})$ *Generator von* L. Denn sind w_1, w_2 in L_0, $v = a(w_1) = a(w_2)$, $b(w_1) = b(w_2)$, $w_1 \neq w_2$, so sei $(x_i)_E$ eine durch die strenge u-Überdeckbarkeit gelieferte Zerlegung von v, so daß $j \in E$ mit $w_1 x_j \neq w_2 x_j$ existiert. Ein Linksinverses z von y ist aber epimorph; ist noch $t_j \in H(u, a(x_j))$ mit $\operatorname{epi}(t_j)$, so auch $\operatorname{epi}(t_j tz)$, $x_j t_j tz \in H(F(\bar{a}), v)$, aber $w_1 x_j t_j tz \neq w_2 x_j t_j tz$.

Die Funktoren $H^{\bar{a}}$, $H^{F(\bar{a})}$ sind nun nicht nur treu, sondern sogar echte Einbettungen in die Kategorie aller Mengen, da etwa für a, b

in $ob(K)$ aus $a \neq b$ auch $H^{\bar{a}}(a) \cap H^{\bar{a}}(b) = \emptyset$ folgt. Unter den angegebenen starken Voraussetzungen sind also die Bilder K^V und L^V von K und L unter $H^{\bar{a}}$ und $H^{F(\bar{a})}$ Subkategorien der Kategorie aller Mengen, und F bestimmt einen „isomorphen" Funktor F^V von K^V in L^V mit $H^{F(\bar{a})}F = F^V H^{\bar{a}}$, indem jeder Abbildung aus K^V ihr Urbild f und diesem die Abbildung $H^{F(\bar{a})}(F(f))$ zugeordnet wird; F und F^V besitzen die gleichen Eigenschaften. Da L^V im allgemeinen nicht die ganze Kategorie aller Mengen oder wenigstens eine volle Subkategorie davon sein wird, braucht aber auch dann weder K noch K^V eine Kategorie von Strukturen mit F respektive F^V als Projektionsfunktor zu sein.

3.6. *In L sei jeder Monomorphismus linksinvertierbar, und es existiere $u \in ob(L)$ so, daß F u-überdeckbar ist. Dann ist jede 3-primitive Klasse C auch u-induktiv.* Zum Beweis sei $b \in ob(K)$, und alle u-kleinen Substrukturen von b mögen in C liegen; man setze $v = F(b)$ und betrachte eine gemäß der u-Überdeckbarkeit vorhandene Zerlegung $(x_i)_E$ von v; sei $(n_i)_E$ die zu $(x_i)_E$ unter $F(b)$ gehörige Zerlegung von b, $F(n_i)\, z_i = x_i$, z_i erzeugt $a(n_i)$ für $i \in E$. Sei weiter $\langle y, a\rangle$ frei unter FI_C für v und sei $(m_i)_E$ die zu $(x_i)_E$ unter y gehörige Zerlegung von a, $F(m_i)\, y_i = y\, x_i$, y_i erzeugt $a(m_i)$ für $i \in E$. Da $a(n_i)$ u-kleine Substruktur von b, folgt $a(n_i) \in C$ für jedes $i \in E$; nach 3.2 ist weiter $\langle y_i, a(m_i)\rangle$ C-frei für $a(y_i) = a(x_i)$, $i \in E$. Daher existieren q_i in $H(a(m_i), a(n_i))$ mit $F(q_i)\, y_i = z_i$ für alle $i \in E$; wegen z_i erzeugt $a(n_i)$ also epi(q_i). Sei nun $x_j = x_i\, s_{ij}$ für i, j aus E, sei t_{ij} bestimmt durch $m_i\, t_{ij} = m_j$; dann gilt $F(t_{ij})\, y_j = y_i\, s_{ij}$, da $F(m_i)\, F(t_{ij})\, y_j = F(m_j)\, y_j = y\, x_j = y\, x_i\, s_{ij} = F(m_i)\, y_i\, s_{ij}$ und $F(m_i)$ monomorph, weil F Adjungierte besitzt, also Monomorphismen erhält. Damit folgt $F(n_i)\, F(q_i)\, F(t_{ij})\, y_j = F(n_i)\, F(q_i)\, y_i\, s_{ij} = F(n_i)\, z_i\, s_{ij} = x_i\, s_{ij} = x_j = F(n_j)\, z_j = F(n_j)\, F(q_j)\, y_j$; da y_j erzeugt $a(m_j)$ also $n_i\, q_i\, t_{ij} = n_j\, q_j$ für alle i, j aus E. Ist T der Funktor, dessen Werte die t_{ij} sind, so besagt dies gerade, daß $(n_i\, q_i)_E$ eine T-koFamilie ist; mithin existiert $q \in H(a, b)$ mit $n_i\, q_i = q\, m_i$ für alle $i \in E$. Es bleibt zu zeigen, daß q epimorph ist; aus $g_1 q = g_2 q$ folgt aber $g_1 n_i\, q_i = g_2 n_i\, q_i$, also $g_1 n_i = g_2 n_i$ für alle $i \in E$ weil epi(q_i); da aber auch $(n_i)_E$ induktiver Limes eines gewissen Funktors ist, ergibt das $g_1 = g_2$.

3.7. *In L sei jeder Monomorphismus linksinvertierbar, und es existiere $u \in ob(L)$ so, daß F u-überdeckbar ist; wählt man $a(\bar{y})$ so, daß $t \in H(a(\bar{y}), u)$ existiert mit* epi(t), *so gilt für jedes 3-primitive C dann $C = ob(q(C))$.* Denn nach 3.6 ist C u-induktiv, also auch

$a(\bar{y})$-induktiv; wenn $b \in ob(q(C))$ und c eine $a(\bar{y})$-kleine Substruktur von b, so $c \in ob(q(C))$ nach 2.1, also $c \in C$ nach 2.5.

3.8. *In L sei jeder Monomorphismus linksinvertierbar, und es existiere $u \in ob(L)$ so, daß F u-überdeckbar ist. Dann gilt: C ist 1-primitiv genau dann, wenn C ist 2-primitiv, und dies genau dann, wenn C ist 3-primitiv. Sei weiter F Birkhoffsch und $a(\bar{y})$ so gewählt, daß $t \in H(a(\bar{y}), u)$ existiert mit* epi(t). *Für jedes dichte C ist dann $ob(q(C))$ die kleinste 1-primitive Subklasse von $ob(K)$, welche C enthält; C ist also 1-primitiv genau dann, wenn $C = ob(q(C))$.*

Hier folgt die erste Behauptung wegen 3.7 daraus, daß $ob(q(C))$ nach 2.1 gegen So und Po abgeschlossen ist. Da mit C auch $ob(q(C))$ dicht, folgt unter den Voraussetzungen der zweiten Behauptung dann wieder nach 2.1, daß $ob(q(C))$ 1-primitiv ist. Ist noch D 1-primitiv und $C \subseteq D$, so gilt $q(C) \leqq q(D)$, $ob(q(C)) \subseteq ob(q(D)) = D$.

3.9. *In L sei jeder Monomorphismus linksinvertierbar, F sei Birkhoffsch, und es existiere $u \in ob(L)$ so, daß F u-überdeckbar ist.* Sei C dicht und u-induktiv, und es gelte $\mathsf{Qo}(C) \subseteq C$. Um aus diesen Voraussetzungen auf $C = ob(q(C))$, also C 1-primitiv, zu schließen, hat man nur noch 2.5 zu benutzen, und dies ist gesichert, wenn $\langle y, a\rangle$ frei unter FI_C für u existiert mit y erzeugt a unter F. Diese Existenzbehauptung würde etwa aus $\mathsf{So}(C) \subseteq C$, $\mathsf{Po}(C) \subseteq C$ folgen; jedoch wird die volle Stärke dieser Inklusionen nicht benötigt. Inspektion des Beweises in (2.2.8) lehrt nämlich, daß für die Existenz von $\langle y, a\rangle$ bereits $\mathsf{So}(C, u) \subseteq C$ und $\mathsf{Po}(C, \delta) \subseteq C$ genügt; dabei ist $\mathsf{So}(C, u)$ die Klasse derjenigen b aus $\mathsf{So}(C)$, für die ein $z \in H(u, F(b))$ existiert mit z erzeugt b, weiter ist δ eine feste, nur von K und u abhängige Kardinalzahl und $\mathsf{Po}(C, \delta)$ die Klasse derjenigen b aus $\mathsf{Po}(C)$, für die eine produktive Familie $(r_i)_I$ existiert mit $a(r_i) = b$, $b(r_i) \in C$ für alle $i \in I$, card$(I) \leqq \delta$; für δ kann man z.B. wählen card$(Q(\bar{a}))$ mit $\langle \bar{y}, \bar{a}\rangle$ frei für u. Damit ist gezeigt:

Ist C dicht, so ist C 1-primitiv genau dann, wenn C u-induktiv ist und $\mathsf{So}(C, u) \subseteq C$, $\mathsf{Po}(C, \delta) \subseteq C$, $\mathsf{Qo}(C) \subseteq C$ gelten. Um C als 1-primitiv zu erkennen, ist es unter diesen Umständen hinreichend, Abgeschlossenheit gegen Produkte nur bei von vornherein beschränkten Indexmengen zu testen. — Schließlich folgt aus $\mathsf{Qo}(C) \subseteq C$, daß C auch gegen isomorphe Bilder abgeschlossen ist; damit kann man u-Induktivität und $\mathsf{So}(C, u) \subseteq C$ zusammenfassen und erhält: *ist C dicht, so ist C 1-primitiv genau dann, wenn $\mathsf{Qo}(C) \subseteq C$, $\mathsf{Po}(C, \delta) \subseteq C$ gelten und für alle $b \in ob(K)$ aus $\mathsf{So}(\{b\}, u) \subseteq \mathsf{So}(C)$ folgt $b \in C$.* Im konkreten Fall primitiver Klassen von Algebren gehen diese Sätze zurück auf CHANG-RUBIN-TARSKI [6]; dabei ist es dann aber möglich, für die Kardinalzahl δ wesentlich bessere Abschätzungen zu geben, wobei allerdings die letzte, als Zusammenfassung von u-Induktivität und $\mathsf{So}(C, u) \subseteq C$ formulierte Bedingung noch auf eine solche Art verschärft werden muß, daß neben der Kategorie aller betrachteten Algebren auch die Kategorie aller zugehörigen Relationalsysteme ins Spiel kommt: TARSKI [54] und CHANG [5].

3.10. *In L sei jeder Monomorphismus linksinvertierbar, F sei Birkhoffsch, und es existiere $u \in ob(L)$ so, daß F u-überdeckbar ist.* Man wähle $a(\bar{y}) = u$, weiter sei $u' \in ob(L)$ so, daß $t \in H(u', u)$ existiert mit epi(t); sei $\langle y', a' \rangle$ frei für u'. Analog zu $q(C)$ in $Q(\bar{a})$ definiere man $q'(C)$ in $Q(a')$; mit $q(C)$ existiert auch $q'(C)$. Sei C dicht, so daß man noch $ob'(q'(C))$ analog zu $ob(q(C))$ definieren kann. *Dann gilt* $ob(q(C)) = ob'(q'(C))$, denn beide Klassen sind gleich der kleinsten 1-primitiven Subklasse D von $ob(K)$, welche C enthält. Man bestimme $q_1 \in H(a', \bar{a})$ durch $F(q_1)\, y' = \bar{y} t$; es sind aber sowohl $\langle F(q(C))\, \bar{y}, b(q(C)) \rangle$ wie auch $\langle F(q'(C))\, y', b(q'(C)) \rangle$ frei unter $F I_D$, so daß $q_2 \in H(b(q'(C)), b(q(C)))$ existiert mit $F(q_2)\, F(q'(C))\, y' = F(q(C))\, \bar{y} t$. *Dann gilt* $q(C)\, q_1 = q_2\, q'(C)$.

3.11. *In L sei jeder Epimorphismus rechtsinvertierbar, und F erhalte Epimorphismen. Ist C dicht, so ist $D = \mathsf{Qo}(\mathsf{So}(\mathsf{Po}(C)))$ die kleinste 1-primitive Subklasse von $ob(K)$, welche C enthält.* Dabei ist klar, daß mit C auch D dicht ist; es genügt zu zeigen, daß D 1-primitiv ist, und dies ist bewiesen, wenn man für beliebiges C nachweisen kann $\mathsf{Po}(\mathsf{Qo}(C)) \subseteq \mathsf{Qo}(\mathsf{Po}(C))$, $\mathsf{Po}(\mathsf{So}(C)) \subseteq \mathsf{So}(\mathsf{Po}(C))$, $\mathsf{So}(\mathsf{Qo}(C)) \subseteq \mathsf{Qo}(\mathsf{So}(C))$.

Es gilt $\mathsf{Po}(\mathsf{Qo}(C)) \subseteq \mathsf{Qo}(\mathsf{Po}(C))$: sei $c \in \mathsf{Po}(\mathsf{Qo}(C))$, so daß eine produktive Familie $(s_i)_I$ mit $a(s_i) = c$ sowie (Auswahlaxiom!) eine Funktion $(f_i)_I$ mit epi(f_i), $b(f_i) = b(s_i)$, $a(f_i) \in C$ für alle $i \in I$ existiert. Sei $(r_i)_I$ eine produktive Familie mit $b(r_i) = a(f_i)$, und sei f bestimmt durch $s_i f = f_i r_i$ für $i \in I$; es genügt zu zeigen, daß f epimorph ist, und dafür ist epi$(F(f))$ hinreichend. Nun ist mit f_i auch $F(f_i)$ epimorph, so daß y_i in L_0 existiert mit $F(f_i)\, y_i = F(b(f_i))$, $i \in I$. Da F Produkte erhält und $(r_i)_I$ produktiv ist, folgt die Existenz eines z in L_0 mit $F(r_i)\, z = y_i\, F(s_i)$, also $F(s_i) = F(f_i)\, y_i\, F(s_i) = F(f_i)\, F(r_i)\, z = F(s_i)\, F(f)\, z$, $i \in I$. Da mit $(s_i)_I$ auch $(F(s_i))_I$ produktiv ist, folgt hieraus $F(c) = F(f)\, z$, weshalb $F(f)$ epimorph.

Es gilt $\mathsf{Po}(\mathsf{So}(C)) \subseteq \mathsf{So}(\mathsf{Po}(C))$: sei $c \in \mathsf{Po}(\mathsf{So}(C))$, so daß eine produktive Familie $(r_i)_I$ mit $a(r_i) = c$ sowie (Auswahlaxiom!) eine Funktion $(f_i)_I$ mit mono(f_i), $a(f_i) = b(r_i)$, $b(f_i) \in C$ für alle $i \in I$

existiert. Sei $(s_i)_I$ eine produktive Familie mit $b(s_i)=b(f_i)$, und sei f bestimmt durch $s_i f=f_i r_i$ für $i\in I$; es genügt zu zeigen, daß f monomorph ist. Aus $fg_1=fg_2$ folgt aber $f_i r_i g_1=f_i r_i g_2$, da f_i monomorph also $r_i g_1=r_i g_2$ für alle $i\in I$; da $(r_i)_I$ produktiv ist, folgt $g_1=g_2$.

Es gilt $\mathsf{So}(\mathsf{Qo}(C))\subseteq\mathsf{Qo}(\mathsf{So}(C))$: sei $c\in\mathsf{So}(\mathsf{Qo}(C))$, so daß q und m existieren mit $a(q)\in C$, $b(q)=b(m)$, $c=a(m)$, $\mathrm{mono}(m)$, $\mathrm{epi}(q)$. Sei $\langle y, a\rangle$ frei für $F(c)$, so daß $\bar{q}\in H(a, c)$ mit $F(\bar{q})\,y=F(c)$ existiert, also auch $\mathrm{epi}(\bar{q})$; sei weiter t ein Rechtsinverses von $F(q): F(q)\,t=b(F(q))$. Man bestimme $f\in H(a, a(q))$ durch $F(f)\,y=tF(m)$; dann gilt $qf=m\bar{q}$, weil $F(q)\,F(f)\,y=F(q)\,tF(m)=F(m)=F(m)\,F(\bar{q})\,y$. Aus $f=m_f q_f$ folgt dann $m\bar{q}=qm_f q_f=m_1 q_1 q_f$ mit $\mathrm{mono}(m_1)$, $\mathrm{epi}(q_1)$, weshalb h existiert mit $\mathrm{iso}(h)$, $hq_1q_f=\bar{q}$, $mh=m_1$. Es gilt aber $a(q)\in C$, $a(q)=b(m_f)$, so daß $a(m_f)\in\mathsf{So}(C)$; da weiter $\mathrm{epi}(hq_1)$ und $a(hq_1)=a(q_1)=b(q_f)=a(m_f)$, $b(hq_1)=b(h)=b(\bar{q})=c$, folgt $c\in\mathsf{Qo}(\mathsf{So}(C))$.

Sei weiterhin in L jeder Epimorphismus rechtsinvertierbar, und F erhalte Epimorphismen. Sei C dicht, $B=\mathsf{So}(\mathsf{Po}(C))$, $D=\mathsf{Qo}(\mathsf{So}(\mathsf{Po}(C)))$. Da nach dem Vorangehenden $\mathsf{Po}(B)\subseteq B$, existiert für $x\in ob(L)$ ein Paar $\langle y_B, a_B\rangle$ frei unter FI_B für x sowie ein Paar $\langle y_D, a_D\rangle$ frei unter FI_D für x. Nach 2.2 ist dann $\langle y_B, a_B\rangle$ auch frei unter FI_D, so daß $h\in H(a_D, a_B)$ mit $\mathrm{iso}(h)$ existiert. Daher liegt auch a_D bereits in $\mathsf{So}(\mathsf{Po}(C))$.

3.12. *In L sei jeder Monomorphismus linksinvertierbar, F sei Birkhoffsch, und es existiere $u\in ob(L)$ so, daß F u-überdeckbar ist;* $a(\bar{y})$ sei so gewählt, daß ein t existiert mit $t\in H(a(\bar{y}), u)$, $\mathrm{epi}(t)$. *Sei C dicht, $a\in ob(K)$;* a heiße *funktional frei zu* C, wenn q_a existiert und $q_a=q(C)$ gilt, a heiße *funktional frei in* C, wenn außerdem $a\in C$. *Ist $\{a\}$ dicht, so ist a funktional frei zu C genau dann, wenn a und C dieselbe kleinste 1-primitive Subklasse von $ob(K)$ erzeugen.* Denn aus $q_a=q(\{a\})=q(C)$ folgt $ob(q_a)=ob(q(C))$, daraus aber wieder $q_a=q(ob(q_a))=q(ob(q(C)))=q(C)$, so daß man 3.8 anwenden kann. Gilt $a\in C$ und existiert q_a, so ist a funktional frei in C, wenn $q(C)\leqq q_a$: aus $a\in C$ folgt schon $q_a\leqq q(C)$. Da für jedes $d\in\mathsf{Po}(\{a\})$ gilt $q_d=q_a$, ist mit a auch jedes solche d funktional frei zu C.

Ist C dicht, so existiert stets a funktional frei zu C. Nach 3.8 ist nämlich $D=ob(q(C))$ 1-primitiv und $q(D)=q(C)$. Man wähle $a=b(q(C))$; dann ist $\langle F(q(C))\,\bar{y}, a\rangle$ frei unter FI_D für $a(\bar{y})$ nach 2.3. Wegen $a\in D$ gilt $q_a\leqq q(D)=q(C)$, wegen $q(C)\in H(a, a)$ gilt $q(C)\leqq q_a$, mithin $q_a=q(C)$.

Der folgende Satz ist eine unmittelbare Konsequenz von 3.11, sofern die dort gemachten Annahmen zur Verfügung stehen. *Sei also in L jeder Epimorphismus rechtsinvertierbar, und F erhalte Epimorphismen;* jede Subklasse von $ob(K)$ ist dann dicht. $a \in ob(K)$ *ist funktional frei zu C genau dann, wenn* $\mathsf{Qo}(\mathsf{So}(\mathsf{Po}(\{a\}))) = \mathsf{Qo}(\mathsf{So}(\mathsf{Po}(C)))$; *ist C 1-primitiv, so ist a funktional frei in C genau dann, wenn* $C = \mathsf{Qo}(\mathsf{So}(\mathsf{Po}(\{a\})))$ (TARSKI [53] für Klassen von Algebren).

Als Beispiel betrachte man die Klasse C aller α-vollständigen Booleschen Algebren, enthalten in der Kategorie K aller Algebren des zugehörigen Typs. Die Algebren aus $\mathsf{Qo}(\mathsf{So}(\mathsf{Po}(\{2\})))$ sind dann genau die α-vollständigen, α-darstellbaren Algebren; wie TARSKI [55] bemerkt hat, besagt der Darstellungssatz von LOOMIS dann gerade, daß die Boolesche Algebra 2 funktional frei in der Klasse aller Booleschen σ-Algebren sei; TARSKI deutet weiter an, wie sich dies zu einem algebraischen Beweis des Satzes von LOOMIS verwenden läßt.

3.13. Der Hauptsatz aus 3.11 sowie der damit in 3.12 bewiesene Satz lassen sich nun auch unter schwächeren Voraussetzungen herleiten. *Sei dazu weiterhin in L jeder Monomorphismus linksinvertierbar, F sei Birkhoffsch, und es existiere $u \in ob(L)$ so, daß F u-überdeckbar ist. Weiter erfülle L die folgende Bedingung: für alle v, w in $ob(L)$ existieren Epimorphismen t, s in L_0 mit $a(t) = a(s)$, $b(t) = v$, $b(s) = w$.*

Ist C dicht, so ist $\mathsf{Qo}(\mathsf{So}(\mathsf{Po}(C)))$ *die kleinste 1-primitive Subklasse von $ob(K)$, welche C enthält.* Dabei ist nach 3.8 klar, daß eine kleinste 1-primitive Subklasse D, welche C enthält, jedenfalls existiert, und D enthält dann auch $\mathsf{Qo}(\mathsf{So}(\mathsf{Po}(C)))$. Sei nun $b \in D$; man wähle $\bar{u} \in ob(L)$ so, daß Epimorphismen t, s in L_0 mit $t \in H(\bar{u}, u)$, $s \in H(\bar{u}, F(b))$ existieren; weiter wähle man $a(\bar{y}) = \bar{u}$, so daß $D = ob(q(C))$ wird. Nun zeigt man zunächst, daß sich ein zu C funktional freies a in $\mathsf{So}(\mathsf{Po}(C))$ finden läßt. Dazu bestimme man nach (2.2.8) ein C-freies Paar $\langle y, a\rangle$ (indem man in (2.2.8) setzt $B = [C]$); nach Konstruktion liegt a in $\mathsf{So}(\mathsf{Po}(C))$, und es existiert $q \in H(\bar{a}, a)$ mit epi(q) und $F(q)\,\bar{y} = y$. Ist q' das zu q gehörige Faktorobjekt in $Q(\bar{a})$, so gilt jedenfalls $q' \leqq q_a$, weiter $q_a \leqq q(C)$, weil $q(C) = q(\mathsf{So}(\mathsf{Po}(C)))$ nach 2.1. Andererseits gilt q' in jedem $c \in C$: wenn $\bar{f} \in H(\bar{a}, c)$, so bestimmt man $f \in H(a, c)$ durch $F(f)\, y = F(\bar{f})\,\bar{y}$, so daß $fq = \bar{f}$. Daraus folgt $q(C) \leqq q'$, also $q(C) \leqq q' \leqq q_a \leqq q(C)$, $q_a = q(C)$. — Man bestimme nun $\bar{g} \in H(\bar{a}, b)$ durch $F(\bar{g})\,\bar{y} = s$; da s epimorph und F

treu, gilt epi$(\bar g)$. Da $q(D)=q(ob(q(C)))=q(C)$, gilt $q(C)$ in b, so daß g in K_0 existiert mit $\bar g=gq(C)$; mit $\bar g$ ist auch g epimorph. Ist noch h der Isomorphismus mit $hq=q'=q(C)$, so folgt $gh\in H(a, b)$, epi(gh). Daher liegt b in $\mathsf{Qo}(\{a\})\subseteq \mathsf{Qo}(\mathsf{So}(\mathsf{Po}(C)))$.

Unter den eingangs gemachten Voraussetzungen findet man daher wie in 3.11 und 3.12: *ist C dicht, $B=\mathsf{So}(\mathsf{Po}(C))$, $D=\mathsf{Qo}(B)$, und ist ein Paar $\langle y, a\rangle$ C-frei, so auch D-frei; ist $\langle y, a\rangle$ frei unter FI_D, so liegt a in B. Ist C dicht und $\{a\}$ dicht, so ist a funktional frei zu C genau dann, wenn $\mathsf{Qo}(\mathsf{So}(\mathsf{Po}(\{a\})))=\mathsf{Qo}(\mathsf{So}(\mathsf{Po}(C)))$; ist C 1-primitiv und $\{a\}$ dicht, so ist a funktional frei in C genau dann, wenn $C=\mathsf{Qo}(\mathsf{So}(\mathsf{Po}(\{a\})))$.*

4.1. In den vorangehenden Abschnitten wurden die Klassen C mit $C=ob(q(C))$ gekennzeichnet. Es sollen nun die $q\in Q(\bar a)$ bestimmt werden, für die $q=q(ob(q))$ gilt.

Für jedes $q\in Q(\bar a)$ ist $\langle F(q)\,\bar y, b(q)\rangle$ $ob(q)$-frei für $a(\bar y)$. Denn wenn $b\in ob(q)$, $z\in H(a(\bar y), F(b))$, so existiert $f\in H(\bar a, b)$ mit $F(f)\,\bar y=z$, also existiert auch $g\in H(b(q), b)$ mit $gq=f$, $F(g)\,F(q)\,\bar y=z$; da $\bar y$ erzeugt $\bar a$ und epi(q), ist g hier eindeutig bestimmt.

Wenn $q\in Q(\bar a)$, so liegen in $ob(q)$ jedenfalls alle die $b\in ob(K)$, für die $H(\bar a, b)=\emptyset$ gilt; enthält $ob(q)$ keine anderen als diese b, so existiert $q(ob(q))$ genau dann, wenn $Q(\bar a)$ ein kleinstes Element enthält. q heiße *eigentlich*, wenn $b\in ob(q)$ mit $H(\bar a, b)\neq\emptyset$ existiert; dann existiert auch $q(ob(q))$. Sei $q\in K_0$; q heiße *vollinvariant*, wenn für jedes g in $H(a(q), a(q))$ ein f in K_0 existiert mit $fq=qg$. *Wenn $q\in Q(\bar a)$ und $b(q)\in ob(q)$, so ist q vollinvariant:* für $g\in H(\bar a, \bar a)$ folgt nämlich $qg\in H(\bar a, b(q))$, so daß ein f existiert mit $qg=fg$.

Der Funktor F heiße *Neumannsch*, wenn für jedes Paar $\langle\bar y, \bar a\rangle$ frei für $a(\bar y)$ und für jedes $q\in Q(\bar a)$ aus q vollinvariant folgt $b(q)\in ob(q)$, *also $b(q)\in ob(q)$ äquivalent zu q vollinvariant ist;* im besonderen ist dann jedes vollinvariante q auch eigentlich. *Ist in L jeder Epimorphismus rechtsinvertierbar und erhält F Epimorphismen, so ist F Neumannsch.* Sei nämlich q vollinvariant und $h\in H(\bar a, b(q))$; wegen epi$(F(q))$ existiert ein t mit $F(q)\,t=b(F(q))$. Man bestimme $g\in H(\bar a, \bar a)$ durch $F(g)\,\bar y=tF(h)\,\bar y$ und f durch $fq=qg$; dann folgt $F(q)\,F(g)\,\bar y=F(q)\,t\,F(h)\,\bar y=F(h)\,\bar y$, $qg=h$, also $fq=h$. Daher gilt q in $b(q)$.

4.2. *Sei F Neumannsch. Für eigentliches q aus $Q(\bar a)$ gilt $q=q(ob(q))$ genau dann, wenn q vollinvariant ist; für eigentliches q ist $q(ob(q))$ das größte vollinvariante Element unterhalb von q.* Ist nämlich q eigentlich, so zwar $ob(q)$ nicht notwendig dicht; jedoch gilt nach 2.1 noch $\mathsf{So}(ob(q))\subseteq ob(q)$ und $\mathsf{Po}(ob(q))\subseteq ob(q)$, und da mit $H(\bar{a}, b) \neq \emptyset$ auch $H(a(\bar{y}), F(b)) \neq \emptyset$ für ein $b \in ob(q)$, existiert nach (2.2.3), (2.2.7) ein Paar $\langle y, a\rangle$ frei unter $FI_{ob(q)}$ für $a(\bar{y})$, wobei y erzeugt a unter F. Nach 2.3 gilt daher $b(q(ob(q))) \in ob(q)$; da aber $ob(q) = ob(q(ob(q)))$, ist $q(ob(q))$ stets vollinvariant. Ist andererseits q vollinvariant, also $b(q) \in ob(q)$, so ist $\langle F(q)\,\bar{y}, b(q)\rangle$ frei unter $FI_{ob(q)}$ für $a(\bar{y})$, da dieses Paar bereits $ob(q)$-frei für $a(\bar{y})$ ist. Da wieder die Voraussetzungen von 2.3 erfüllt sind, folgt hieraus $q = q(ob(q))$. Ist endlich q beliebig in $Q(\bar{a})$, $\bar{q} \leqq q$ und $\bar{q}$ vollinvariant, so gilt $\bar{q} = q(ob(\bar{q})) \leqq q(ob(q))$.

Sei weiterhin F Neumannsch und q aus $Q(\bar{a})$. q ist vollinvariant genau dann, wenn eine Klasse C existiert mit $q = q(C)$. Denn ist q vollinvariant, so kann man $C = ob(q)$ setzen; ist umgekehrt C mit existierendem $q(C)$ gegeben, so folgt, weil $q(C)$ in allen $c \in C$ gilt, dann $C \subseteq ob(q(C))$, weshalb $q(C) \leqq q(ob(q(C)))$; da aber stets $q(ob(q(C))) \leqq q(C)$, gilt $q(ob(q(C))) = q(C)$. — *q ist vollinvariant genau dann, wenn eine Klasse C existiert so, daß $\langle F(q)\,\bar{y}, b(q)\rangle$ frei unter FI_C für $a(\bar{y})$ ist.* Aus dem Bewiesenen folgt, daß man bei vollinvariantem q wieder $C = ob(q)$ setzen kann; ist umgekehrt C gegeben, so existiert wegen $b(q) \in C$, $H(\bar{a}, b(q)) \neq \emptyset$, dann $q(C)$; schließt man C gegen Isomorphismen zu D ab, also $c \in D$ genau wenn h in K_0 existiert mit iso(h), $a(h) \in C$, $b(h) = c$, so gilt $q(C) = q(D)$, und $\langle F(q)\,\bar{y}, b(q)\rangle$ bleibt frei unter FI_D für $a(\bar{y})$. Auf D läßt sich aber 2.3 anwenden, so daß $q = q(C)$ folgt. — Schließlich erhält man im Spezialfall $C = \{b(q)\}$: *q ist vollinvariant genau dann, wenn $\langle F(q)\,\bar{y}, b(q)\rangle$ frei unter $FI_{\{b(q)\}}$ für $a(\bar{y})$ ist.* Denn ist q vollinvariant, also $\langle F(q)\,\bar{y}, b(q)\rangle$ frei unter $FI_{ob(q)}$, so ist dieses Paar wegen $b(q) \in ob(q)$ erst recht frei unter $FI_{\{b(q)\}}$. (Für Klassen von Algebren finden sich diese Sätze bei NEUMANN [38], Theorem 28, 29, 36, 37, und, zum Teil in größerer Allgemeinheit, bei SCHMIDT [44], Satz 18 und Korollar 3 zu Satz 21).

Sei F Birkhoffsch und Neumannsch, sei $q \in Q(\bar{a})$. q ist vollinvariant genau dann, wenn für alle $q' \in Q(\bar{a})$ die Aussagen $q' \leqq q$ und $b(q') \in ob(q)$ äquivalent sind. Dabei ist mit $q' = q$ die Notwendigkeit dieser Bedingung klar; umgekehrt folgt aus $b(q') \in ob(q)$ stets $q' \leqq q$, und gilt $q' \leqq q$ und ist q vollinvariant, so $b(q) \in ob(q)$, $b(q') \in \mathbf{Qo}(ob(q)) \subseteq ob(q)$.

4.3. Seien q_1, q_2 aus $Q(\bar{a})$; *q_2 folgt aus q_1*, wenn $ob(q_1) \subseteq ob(q_2)$; ist q_1 eigentlich, so tritt dies genau dann ein, wenn $q(ob(q_1)) \leqq q_2$. Sei $b \in ob(K)$; *q_1 bedingt q_2 in b*, wenn für alle $f \in H(\bar{a}, b)$ aus $q_f \leqq q_1$ auch $q_f \leqq q_2$ folgt; offenbar ist $q_1 \leqq q_2$ gleichbedeutend damit, daß q_1 bedingt q_2 in $b(q_1)$ und also in allen $b \in ob(K)$. Ist für gegebene q_1, q_2

noch B die Klasse aller $b \in ob(K)$ so, daß q_1 bedingt q_2 in b, so gilt $\mathsf{So}(B) \subseteq B$ und $\mathsf{Po}(B) \subseteq B$.

Sei $u = a(\bar{y})$, *sei* $C \subseteq ob(K)$, $b \in C$, *und* C *sei abgeschlossen gegen Isomorphismen.* b heißt *u-Kogenerator von* C, wenn aus $c \in C$, $c \in \mathsf{Qo}(\{\bar{a}\})$, $H(c, b) \neq \emptyset$ folgt $c \in \mathsf{So}(\mathsf{Po}(\{b\}))$. Wenn $\mathsf{So}(C) \subseteq C$ und $\mathsf{Po}(C) \subseteq C$ und b Kogenerator von $[C]$, so ist b u-Kogenerator von C: $[C]$ ist dann nämlich Kategorie mit Produkten, und Produkte und Monomorphismen in $[C]$ sind schon Produkte und Monomorphismen in K; b ist daher Kogenerator von $[C]$ genau dann, wenn jedes $c \in C$, das nicht final ist, in $\mathsf{So}(\mathsf{Po}(\{b\}))$ liegt.

Für jedes $b \in C$ *sind äquivalent*

(i) *b ist u-Kogenerator von* C;

(ii) *wenn* q_1, q_2 *in* $Q(\bar{a})$, $b(q_1) \in C$, q_1 *bedingt* q_2 *in* b, *so* $q_1 \leqq q_2$ *oder* $H(b(q_1), b) = \emptyset$;

(iii) *wenn* q_1, q_2 *in* $Q(\bar{a})$, $b(q_1) \in C$, q_1 *bedingt* q_2 *in* b, *so für alle* $c \in C$ *mit* $H(c, b) \neq \emptyset$ *auch* q_1 *bedingt* q_2 *in* c.

Gilt nämlich (i), so folgt aus $H(b(q_1), b) \neq \emptyset$, $b(q_1) \in C$, die Existenz einer produktiven Familie $(r_i)_I$ und eines $m \in K_0$ mit $\mathrm{mono}(m)$, $a(m) = b(q_1)$, $b(m) = a(r_i)$, $b(r_i) = b$ für alle $i \in I$. Wenn nun q_1 bedingt q_2 in b, so existiert daher eine Funktion $(g_i)_I$ mit $r_i m q_1 = g_i q_2$ für alle $i \in I$, und da $(r_i)_I$ produktiv, existiert auch g mit $r_i g = g_i$, also $r_i m q_1 = r_i g q_2$ für alle $i \in I$. Daraus folgt aber $m q_1 = g q_2$; zerlegt man noch $g = m_g q_g$ mit $\mathrm{mono}(m_g)$, $\mathrm{epi}(q_g)$, so liefert $m q_1 = m_g q_g q_2$ die Existenz eines h mit $\mathrm{iso}(h)$, $q_1 = h q_g q_2$, weshalb $q_1 \leqq q_2$. Gelte nun (ii) und seien die Voraussetzungen von (iii) erfüllt, $c \in C$, $H(c, b) \neq \emptyset$. Existiert $f \in H(\bar{a}, c)$ mit $q_f \leqq q_1$, so existiert auch $\bar{f} \in H(b(q_1), c)$, so daß $H(b(q_1), b) \neq \emptyset$. Nach (ii) gilt daher $q_1 \leqq q_2$, also auch $q_f \leqq q_2$. Gelte schließlich (iii), sei $c \in C$, $q \in H(\bar{a}, c)$, $\mathrm{epi}(q)$, $H(c, b) \neq \emptyset$; man setze $I = H(c, b)$ und bilde eine produktive Familie $(r_t)_I$ mit $b(r_t) = b$ für alle $t \in H(c, b)$, so daß f existiert mit $r_t f = t$ für alle $t \in H(c, b)$; man zerlege $f = m_f q_f$ mit $\mathrm{mono}(m_f)$, $\mathrm{epi}(q_f)$. Ist q_1 das zu q, q_2 das zu $q_f q$ gehörige Faktorobjekt von $\bar{a}$, so gilt nach Konstruktion, daß q_1 bedingt q_2 in b. Da mit $H(c, b) \neq \emptyset$, $c = b(q)$, aber auch $H(b(q_1), b) \neq \emptyset$, $b(q_1) \in C$, folgt aus (iii), daß q_1 bedingt q_2 in $b(q_1)$, also $q_1 \leqq q_2$, $q_1 = q_2$. Das ergibt aber $\mathrm{iso}(q_f)$, mithin $\mathrm{mono}(f)$: c liegt in $\mathsf{So}(\mathsf{Po}(\{b\}))$.

Setzt man noch F als Neumannsch voraus sowie $C = ob(q(C))$, so bleiben (i), (ii), (iii) äquivalent, wenn man in (i), (ii) statt $b(q_1) \in C$ dann $q_1 \leqq q(C)$ voraussetzt; da nämlich $q(C)$ vollinvariant, folgt aus $q_1 \leqq q(C)$, daß $q(C)$ in $b(q_1)$ gilt, also $b(q_1) \in C$.

4.4. Die Sätze des letzten Abschnittes haben wichtige Anwendungen für Klassen von Algebren. Sei $A = \langle A_0, \varphi_\zeta \rangle_\beta \rangle$ eine Algebra; eine Kongruenzrelation R auf A heißt *vollinvariant*, wenn der natürliche Epimorphismus q von A auf A/R vollinvariant ist, wenn also für jeden Homomorphismus g von A in sich gilt: falls $\langle \lambda, \mu \rangle \in R$, so $\langle g(\lambda), g(\mu) \rangle \in R$. Der Durchschnitt beliebig vieler Kongruenzrelationen auf A ist wieder eine Kongruenzrelation auf A, und der Durchschnitt vollinvarianter Kongruenzrelationen ist wieder vollinvariant; zu jeder Teilmenge M von $A_0 \times A_0$ existiert daher neben der kleinsten M enthaltenden Kongruenzrelation $R(M)$ auch eine kleinste M enthaltende vollinvariante Kongruenzrelation $R^v(M)$. Es lassen sich nun auf $A_0 \times A_0$ Operationen einführen so, daß $A_0 \times A_0$ Träger einer Algebra wird und für jedes M die Menge $R(M)$ respektive $R^v(M)$ gerade Träger der von M erzeugten Subalgebra ist. Für jedes $\lambda \in A_0$ sei ψ_λ die konstante Operation mit dem Wert $\langle \lambda, \lambda \rangle$; sei χ_0 die einstellige Operation auf $A_0 \times A_0$ mit $\chi_0(\langle \lambda, \mu \rangle) = \langle \mu, \lambda \rangle$; sei χ_1 die zweistellige Operation auf $A_0 \times A_0$ mit $\chi_1(\sigma, \varrho) = \tau$, wobei $\tau = \langle \lambda, \nu \rangle$, falls $\sigma = \langle \lambda, \mu \rangle$, $\varrho = \langle \mu, \nu \rangle$, und $\tau = \sigma$ sonst; weiter sei für jedes $\zeta < \beta$ noch $\hat{\varphi}_\zeta$ die Operation vom Typ α_ζ auf $A_0 \times A_0$ mit $\hat{\varphi}_\zeta\big((\sigma_\alpha)_{\alpha_\zeta}\big) = \langle \tau_1, \tau_2 \rangle$, wobei, falls $\sigma_\alpha = \langle \sigma_\alpha^1, \sigma_\alpha^2 \rangle$ für $\alpha < \alpha_\zeta$, dann $\tau_1 = \varphi_\zeta\big((\sigma_\alpha^1)_{\alpha_\zeta}\big)$ und $\tau_2 = \varphi_\zeta\big((\sigma_\alpha^2)_{\alpha_\zeta}\big)$. Daß eine Teilmenge von $A_0 \times A_0$ unter den Operationen ψ_λ, $\lambda \in A_0$, und χ_0, χ_1 abgeschlossen ist, besagt gerade, daß sie eine Äquivalenzrelation auf A_0 ist; daß sie außerdem noch gegen die Operationen $\hat{\varphi}_\zeta$, $\zeta < \beta$, abgeschlossen ist, besagt, daß sie eine Kongruenzrelation auf A ist; $R(M)$ *ist also Träger der von M unter den Operationen* $\psi_\lambda, \chi_0, \chi_1, \hat{\varphi}_\zeta$ *für* $\lambda \in A_0$, $\zeta < \beta$, *erzeugten Subalgebra*. Definiert man für jeden Homomorphismus g von A in sich noch eine einstellige Operation χ_g auf $A_0 \times A_0$ durch $\chi_g(\langle \lambda, \mu \rangle) = \langle g(\lambda), g(\mu) \rangle$, so ist eine Kongruenzrelation auf A vollinvariant genau dann, wenn sie gegen sämtliche χ_g abgeschlossen ist; $R^v(M)$ *ist also Träger der von M unter den Operationen* $\psi_\lambda, \chi_0, \chi_1, \chi_g, \hat{\varphi}_\zeta$ *für* $\lambda \in A_0$, $g \in \mathrm{Hom}(A, A)$, $\zeta < \beta$, *erzeugten Subalgebra*. Da die Operationen $\psi_\lambda, \chi_0, \chi_1, \chi_g$ endlichstellig sind, ist die Dimension der so über $A_0 \times A_0$ definierten Algebren gleich der Dimension γ von A; aus dem in (1.3.2) bewiesenen Satz folgt daher: *wenn* $\sigma \in R(M)$ *respektive* $\sigma \in R^v(M)$, *so existiert ein* $M' \subseteq M$, $\mathrm{card}(M') < \gamma$, *mit* $\sigma \in R(M')$ *respektive* $\sigma \in R^v(M')$.

Man betrachte nun eine Kategorie K von Algebren eines Typs Δ so, daß die allgemein für diesen dritten Teil gemachten Voraussetzungen erfüllt sind und der Projektionsfunktor F Neumannsch ist. Sei $\langle\bar{y}, \bar{a}\rangle$ frei für $a(\bar{y})$; für eine Kongruenzrelation R auf $\bar{a}$ sei q_R der natürliche Epimorphismus von $\bar{a}$ auf die Faktoralgebra nach R. Sei M Teilmenge von $F(\bar{a})\times F(\bar{a})$, und $ob(K)$ enthalte wenigstens eine Algebra b, in der die Gleichungen aus M nicht trivial gelten, d.h. $H(\bar{a}, b)\neq\emptyset$ gilt, so daß $q_{R(M)}$ eigentlich ist. Eine Gleichung σ aus $F(\bar{a})\times F(\bar{a})$ *folgt logisch aus* M, wenn σ in jeder Algebra b gilt, in der sämtliche Gleichungen aus M gelten, also genau dann, wenn $ob(q_{R(M)})\subseteq ob(q_{R(\sigma)})$; nach 4.3 ist dies gleichbedeutend mit $q(ob(q_{R(M)}))\leqq q_{R(\sigma)}$. Nach 4.2 ist aber $q(ob(q_{R(M)}))$ das größte vollinvariante Faktorobjekt unterhalb von $q_{R(M)}$, so daß wegen der Entsprechung zwischen vollinvarianten Epimorphismen und Kongruenzrelationen gilt $q(ob(q_{R(M)}))=q_{(R^v(M))}$. Da $q_{(R^v(M))}\leqq q_{R(\sigma)}$ gleichbedeutend mit $R(\sigma)\subseteq R^v(M)$ und dies gleichbedeutend mit $\sigma\in R^v(M)$ ist, folgt σ logisch aus M genau dann, wenn $\sigma\in R^v(M)$ gilt. Damit erhält man, mit γ als der Dimension von Δ, den *Kompaktheitssatz der Gleichungstheorie: wenn σ folgt logisch aus M, so existiert ein $M'\subseteq M$,* card$(M')<\gamma$, *und σ folgt logisch aus M'.*

Die Sätze aus 4.3 gestatten es nun, auch den Kompaktheitssatz der Aussagenlogik auf die gleiche Art zu beweisen. Man betrachte dazu Boolesche Algebren etwa als Algebren $A=\langle A_0, \vee, \wedge, -\rangle$ vom Typ $\Delta=(2, 2, 1)$ (allgemeiner kann man jeden Typ zulassen, für den sich die Klasse der Booleschen Algebren durch Gleichungen definieren läßt); sei K die Kategorie aller Algebren vom Typ Δ und C die Klasse aller Booleschen Algebren. Die Elemente von $F(\bar{a})$ heißen dann auch Formeln (in den aussagenlogischen Symbolen $\vee, \wedge, -$ und den Variablen aus $a(\bar{y})$), C ist primitiv und $q(C)=q_{R(G)}$, wobei für G die Menge aller Booleschen Axiome gewählt werden kann: zu G gehören alle durch Kommutativität, Assoziativität, Absorption und Distributivität der beiden Operationen $\vee, \wedge$ gegebenen Gleichungen (d.h. etwa alle Paare $\langle\lambda\vee\mu, \mu\vee\lambda\rangle$ mit λ, μ aus $F(\bar{a})$) sowie alle Paare $\langle\lambda\vee-\lambda, \mu\vee-\mu\rangle$, $\langle\lambda\wedge-\lambda, \mu\wedge-\mu\rangle$ mit λ, μ aus $F(\bar{a})$. Sei 2 die Boolesche Algebra mit den zwei Elementen o und 1, sei $N\subseteq F(\bar{a})$ und $\lambda\in F(\bar{a})$; λ *folgt aus* N, wenn jeder Homomorphismus f von $\bar{a}$ in 2, der alle Elemente von N auf 1 abbildet, auch λ auf 1 abbildet. Man wähle nun μ_0 fest in $F(\bar{a})$ und bilde zu N die Menge M aller Gleichungen $\langle\nu, \mu_0\vee-\mu_0\rangle$ mit $\nu\in N$, weiter sei $\sigma=\langle\lambda, \mu_0\vee-\mu_0\rangle$; λ folgt daher aus N genau dann, wenn für jedes $f\in H(\bar{a}, 2)$ aus $R(M)\subseteq R_f$ auch $R(\sigma)\subseteq R_f$ folgt. Da $2\in C$, $C=ob(q_{R(G)})$, gilt aber $G\subseteq R_f$ für jedes $f\in H(\bar{a}, 2)$, so daß für diese f dann $R(M)\subseteq R_f$ äquivalent zu $R(M\cup G)\subseteq R_f$ ist; *mithin folgt λ aus N*

genau dann, wenn für alle $f \in H(\bar{a}, 2)$ aus $R(M \cup G) \subseteq R_f$ auch $R(\sigma) \subseteq R_f$ folgt, also genau dann, *wenn* $q_{R(M \cup G)}$ *bedingt* $q_{R(\sigma)}$ in 2. Der Darstellungssatz von Stone sichert aber, daß 2 Kogenerator von $[C]$ ist; weiter sichert das Primidealtheorem, daß jede nicht singuläre Boolesche Algebra einen Homomorphismus nach 2 besitzt: gibt es daher keinen Homomorphismus von $b(q_{R(M \cup G)})$, nämlich der Faktoralgebra $\bar{a}/R(M \cup G)$, nach 2, so ist diese singulär, mithin $R(M \cup G) = F(\bar{a}) \times F(\bar{a})$. Da schließlich $q_{R(M \cup G)} \leqq q_{R(G)} = q(C)$, liefert (ii) aus 3.4: *λ folgt aus N genau dann,* wenn $q_{R(M \cup G)} \leqq q_{R(\sigma)}$ oder $R(M \cup G) = F(\bar{a}) \times F(\bar{a})$, also genau dann, *wenn* $R(\sigma) \subseteq R(M \cup G)$, $\sigma \in R(M \cup G)$ *gilt.* Da die Dimension von Δ gleich ω ist, folgt aus $\sigma \in R(M \cup G)$ aber die Existenz von $M' \subseteq M \cup G$, M' endlich und $\sigma \in R(M')$. Ist N' die Menge aller $\nu \in N$ mit $\langle \nu, \mu_0 \vee -\mu_0 \rangle \in M'$, so ist mit M' auch N' endlich; da mit $\sigma \in R(M')$ erst recht $\sigma \in R(M' \cup G)$, hat $\sigma \in R(M')$ auch zur Folge, daß λ folgt aus N'. Damit erhält man den *Kompaktheitssatz der Aussagenlogik: wenn λ folgt aus N, so existiert ein $N' \subseteq N$, N' endlich, und λ folgt aus N'.*

Ferner erlauben es diese Überlegungen, auch die sog. nichtklassischen Interpretationen der Aussagenlogik als gleichwertig zu der zweiwertigen zu erkennen. Sei dazu b irgendeine nicht singuläre Boolesche Algebra, e ihr Einselement; sind N und λ wie im letzten Absatz gegeben, so folgt λ *für b* aus N, wenn jeder Homomorphismus f von $\bar{a}$ in b, der alle Elemente von N auf e abbildet, auch λ auf e abbildet. Wörtlich wie zuvor gilt nun, daß λ aus N für b genau dann folgt, wenn $q_{R(M \cup G)}$ bedingt $q_{R(\sigma)}$ in b. Da b nicht singulär, gilt $2 \in \mathsf{So}(\{b\})$, also $\mathsf{So}(\mathsf{Po}(\{2\})) \subseteq \mathsf{So}(\mathsf{Po}(\mathsf{So}(\{b\}))) \subseteq \mathsf{So}(\mathsf{Po}(\{b\}))$; das Primidealtheorem sichert wieder, daß sich jede nicht singuläre Boolesche Algebra über 2 auch in b homomorph abbilden läßt. Daher ist mit 2 auch b Kogenerator von $[C]$; wegen 4.3 also folgt λ aus N für b genau dann, wenn $q_{R(M \cup G)} \leqq q_{R(\sigma)}$ oder $R(M \cup G) = F(\bar{a}) \times F(\bar{a})$. Mithin folgt λ aus N genau dann, wenn λ aus N für b folgt; *b bestimmt also dieselbe Implikation wie 2.*

5. Es soll nun noch beschrieben werden, wie die Überlegungen dieses dritten Teiles modifiziert werden müssen, wenn K nicht mehr als Zerlegungskategorie vorausgesetzt werden soll. Sei dazu F ein Funktor von K in L; eine Bikategorie $\langle K, S, Q \rangle$ heiße *an F adaptiert,* wenn für alle m, q in K_0 aus mono(m), mono$(F(m))$ folgt $m \in S$ und aus epi(q), epi$(F(q))$ folgt $q \in Q$; $\langle K, S, Q \rangle$ heiße *an F streng adaptiert,* wenn außerdem aus $m \in S$ folgt mono$(F(m))$, aus $q \in Q$ folgt epi$(F(q))$. Ist F treu und besitzt F Adjungierte, so ist

$\langle K, S, Q\rangle$ an F adaptiert genau dann, wenn S genau die Monomorphismen von K und Q mindestens alle Epimorphismen q mit $\mathrm{epi}(F(q))$ enthält; ist $\langle K, S, Q\rangle$ an F streng adaptiert, so besteht Q genau aus jenen q. Sei weiter $\langle K, S, Q\rangle$ Bikategorie und F besitze Adjungierte, sei $z \in L_0$ und $b \in ob(K)$; z *Q-erzeugt* b, wenn z erzeugt b und die folgende Bedingung erfüllt ist: ist $\langle y, a\rangle$ frei für $a(z)$ und $q \in H(a, b)$ bestimmt durch $F(q)\,y = z$, so gilt $q \in Q$ (es genügt, daß dies für mindestens ein freies Paar $\langle y, a\rangle$ für $a(z)$ zutrifft). Wieder findet man: wenn z Q-erzeugt b, $m \in S$, $a(m) = b$ und $F(m)\,z$ Q-erzeugt $b(m)$, so iso(m): ist nämlich $\langle y, a\rangle$ frei für $a(z)$ und bestimmt man $q \in H(a, b)$, $\bar{q} \in H(a, b(m))$ durch $F(q)\,y = z$, $F(\bar{q})\,y = F(m)\,z$, so folgt $\bar{q} = mq$, also iso(m). Es gilt stets: ist $\langle y, a\rangle$ frei für $a(y)$, so y Q-erzeugt a; ist außerdem $\langle K, S, Q\rangle$ an F adaptiert, so folgt aus z erzeugt b, epi(z) auch z Q-erzeugt b: ist $\langle y, a\rangle$ frei für $a(z)$ und $q \in H(a, b)$ bestimmt durch $F(q)\,y = z$, so ist mit z auch $F(q)$ epimorph.

$\langle K, S, Q\rangle$ heiße *an F transitiv adaptiert*, wenn aus z, v in L_0, $b \in ob(K)$, z Q-erzeugt b, epi(v), $b(v) = a(z)$ folgt zv Q-erzeugt b. *Ist $\langle K, S, Q\rangle$ an F adaptiert und ist in L jeder Epimorphismus rechtsinvertierbar, so ist $\langle K, S, Q\rangle$ an F transitiv adaptiert.* Seien nämlich z, v und b wie beschrieben, sei w ein Rechtsinverses von v, sei $\langle y, a\rangle$ frei für $a(z)$ und $\langle y', a'\rangle$ frei für $a(v)$; man bestimme $h' \in H(a', a)$, $h \in H(a, a')$, $q \in H(a, b)$ durch $F(h')\,y' = yv$, $F(h)\,y = y'w$, $F(q)\,y = z$. Dann gilt $F(h'h)\,y = F(h')\,y'w = yvw = y = F(a)\,y$, also $h'h = a$, weshalb $F(h')\,F(h) = F(a)$: $F(h')$ ist rechtsinvertierbar, also epimorph, so daß $h' \in Q$. Nach Voraussetzung gilt $q \in Q$, also $qh' \in Q$, aber auch $F(qh')\,y' = F(q)\,yv = zv$.

Als Beispiel sei K Zerlegungskategorie, F Funktor von K in L, F sei treu, erhalte Epimorphismen und besitze Adjungierte. Sei B eine volle Subkategorie von K mit $\mathsf{S}(B_0) \subseteq B_0$, $\mathsf{P}(B_0) \subseteq B_0$, und FI_B sei dicht. Sei S die Klasse aller m mit $m \in B_0$, mono(m), und Q die Klasse aller q mit $q \in B_0$, epi(q); nach (1.5.2) ist $\langle B, S, Q\rangle$ Bikategorie; nach Konstruktion ist $\langle B, S, Q\rangle$ an FI_B streng adaptiert. Weiter sind für $z \in L_0$, $b \in ob(B)$ äquivalent: (i) z erzeugt b in K und (ii) z Q-erzeugt b in $\langle B, S, Q\rangle$. Sei nämlich $\langle y, a\rangle$ frei unter FI_B für $a(z)$; nach (2.2.7) erzeugt y dann a unter F. Gilt (i), so bestimme man $q \in H(a, b)$ durch $F(q)\,y = z$; da z erzeugt b unter F, folgt epi(q), also (ii); die Umkehrung folgt aus einer Bemerkung in (2.2.1). — Damit ist $\langle B, S, Q\rangle$ an FI_B auch transitiv adaptiert. *Im besonderen definiert also jede gegen Subalgebren, Produkte und Isomorphismen abgeschlossene Klasse von Algebren eine an ihren Projektionsfunktor streng und transitiv adaptierte Bikategorie.*

Man ersetze nun die am Beginn des dritten Teiles gemachte Voraussetzung, daß K Zerlegungskategorie mit Sub- und Faktorobjekten sei, durch die schwächere, daß für Klassen S, Q dann $\langle K, S, Q\rangle$ an F adaptierte Bikategorie mit Sub- und Faktorobjekten ist. Weiter schränke man die in 1.1 zu C definierten Klassen $\mathsf{So}(C)$, $\mathsf{Qo}(C)$, $\mathsf{Ro}(C)$ zu neuen Klassen $\mathsf{Sos}(C)$, $\mathsf{Qoq}(C)$, $\mathsf{Roq}(C)$ ein, indem man in den entsprechenden Definitionen nur noch solche Monomorphismen und Epimorphismen zuläßt, die in S bzw. Q liegen. Damit ersetze man überall $\mathsf{So}(C)$, $\mathsf{Qo}(C)$, $\mathsf{Ro}(C)$ durch $\mathsf{Sos}(C)$, $\mathsf{Qoq}(C)$, $\mathsf{Roq}(C)$, weiter alle Aussagen der Gestalt „y erzeugt a" durch die entsprechenden Aussagen „y Q-erzeugt a", alle Mengen der Gestalt $Q(\bar{a})$ durch die entsprechenden Mengen $Qq(\bar{a})$, schließlich alle Mitteilungen, welche $\operatorname{epi}(q)$ ausdrücken, durch die entsprechenden Mitteilungen, welche $q\in Q$ ausdrücken.

Damit definiert man in 1.1 jetzt stärkere Begriffe von Primitivität; daß auch dann noch jede 1-primitive Klasse 2-primitiv und jede 2-primitive Klasse 3-primitiv ist, folgt aus dem in (2.2.7) und (2.2.8) Bemerkten. Die Definitionen und Schlüsse in 1.2 bleiben dann unverändert erhalten, ebenfalls die in 2.1. Unverändert bleiben auch 2.2—2.4, da man dort, wenn y Q-erzeugt a, für $q\in H(\bar{a}, a)$ mit $F(q)\,\bar{y}=y$ auch $q\in Q$ findet. Um 2.5 zu erhalten, muß man $\langle K, S, Q\rangle$ als an F streng und transitiv adaptiert voraussetzen. Zunächst ist nämlich nur gesichert, daß das dort auftretende g epimorph ist; für $g\in Q$ genügt es, $\operatorname{epi}(F(q))$ zu zeigen. Ist $\langle K, S, Q\rangle$ an F transitiv adaptiert, so gilt auch xz Q-erzeugt b, also $f\in Q$. Ist $\langle K, S, Q\rangle$ an F streng adaptiert, so folgt daraus $\operatorname{epi}(F(f))$, wegen $f=gq$, $F(f)=F(g)\,F(q)$ also auch $\operatorname{epi}(F(g))$.

Für 3.2—3.13 *werde nun vorausgesetzt, daß $\langle K, S, Q\rangle$ an F streng und transitiv adaptiert ist;* etwa gemachte Voraussetzungen, daß F Epimorphismen erhalte, können gestrichen werden. *Schließlich verstärke man in allen auf* 3.6 *folgenden Abschnitten die Voraussetzung der u-Überdeckbarkeit von F dazu, daß F streng u-überdeckbar (im Sinne von* 3.5) *sei. Dann bleiben alle in diesen Abschnitten gemachten Behauptungen unverändert in Kraft.* Die einzige zusätzliche Überlegung wird im Beweis von 3.6 nötig, um den dort auftretenden Epimorphismus q als zu Q gehörend zu erkennen; es gilt aber dort $\operatorname{epi}(F(q))$. Denn aus $w_1F(q)=w_2F(q)$ folgt, mit den Bezeichnungen von 3.6, auch $w_1F(qm_i)=w_2F(qm_i)$, $w_1F(n_i)\,F(q_i)=$

$w_2 F(n_i) F(q_i)$, $w_1 x_i = w_1 F(n_i) z_i = w_1 F(n_i) F(q_i) y_i = w_2 x_i$ für alle $i \in E$; da nun F streng u-überdeckbar, liefert dies $w_1 = w_2$.

Ferner bleiben auch 4.1—4.3 unverändert, wenn man dort eine an F streng adaptierte Bikategorie $\langle K, S, Q \rangle$ voraussetzt; in 4.3 muß allerdings die Bemerkung wegfallen, daß Kogeneratoren auch u-Kogeneratoren sind. Für entsprechende Kategorien von Algebren gilt dann auch weiter der in 4.4 bewiesene Kompaktheitssatz der Gleichungstheorie.

Anhang. Sätze über allgemeine Algebren, welche sich ohne Verwendung des Auswahlaxioms beweisen lassen

Betrachtet man eine Mengenlehre *ohne* Auswahlaxiom (AC), so sind in der Kategorie L aller Mengen immer noch monomorph genau die injektiven, epimorph genau die surjektiven Abbildungen; weiter ist jeder Monomorphismus linksinvertierbar, jedoch ist nicht mehr gesichert, daß Epimorphismen rechtsinvertierbar sind. Das Produkt einer Familie von Mengen kann zwar leer sein, ist aber stets definiert, *und L ist immer noch Kategorie mit Produkten:* ist $(X_i)_I$ eine Familie nicht leerer Mengen und existiert eine nicht leere Menge Y und eine Familie $(g_i)_I$, g_i Abbildung von Y in X_i, so ist das Produkt von $(X_i)_I$ nicht leer — für $y \in Y$ wird nämlich durch die Zuordnung von i zu $g_i(y)$ eine Auswahlfunktion bestimmt.

Algebren und ihre Typen lassen sich auch ohne (AC) wie in (1.3.2) definieren, es ist aber ohne (AC) nicht mehr gesichert, daß nicht finitäre Typen noch eine Dimension besitzen. Jedoch gilt auch ohne (AC) für jeden Typ Δ: *Ist K die Kategorie aller Algebren vom Typ Δ, so existiert für jede Menge Y eine absolut frei von Y erzeugte Algebra in ob(K), d.h. frei für ganz ob(K).* Im Falle finitärer Operationen leistet dies die übliche Konstruktion von Termalgebren; diese Verfahren versagen aber im allgemeinen Falle, da sie (vgl. etwa Słominski [49]) wesentlich die Existenz der Dimension von Δ benutzen. Es hat aber unlängst Kerkhoff [29] eine Konstruktion absolut freier Algebren angegeben, die die Dimension von Δ oder andere Konsequenzen von (AC) nicht benutzt. Zwar liefert die Kerkhoffsche Konstruktion zunächst nur eine sog. verallgemeinerte Peano-Algebra; man macht sich aber leicht klar, daß der bekannte Beweis dafür, daß eine solche verallgemeinerte Peano-Algebra auch absolut frei ist (Diener [9], Theorem 2.3, 2.4), nichts von (AC) verwendet.

Für Algebren mit konstanten Operationen ist das Produkt einer Familie von (notwendig nicht leeren) Algebren stets nicht leer; dies bleibt richtig für solche Algebren, in denen Konstanten elementar aus den Operationen zu definieren sind. Betrachtet man also gegen Produkte abgeschlossene Klassen von Algebren, so können leere Produktmengen nur auftreten, falls keine konstanten Operationen vorhanden sind; in diesem Falle ist aber die leere Menge Träger einer Algebra, die dann als Produkt vorkommen kann. *Ist C eine Klasse von finitären Algebren, die gegen Subalgebren, Produkte und Isomorphismen abgeschlossen ist und zu der mindestens eine nicht singuläre Algebra gehört, so existiert für jede Menge Y eine von Y C-frei erzeugte Algebra in C.* Ist nämlich Y leer und treten konstante Operationen nicht auf, so leistet das die leere Algebra; im anderen Falle sei $\bar{A}$ eine von Y absolut frei erzeugte Algebra mit dem Träger $\bar{A}_0$, also $\bar{A}_0$ nicht leer. Ist E die Menge aller Kongruenzrelationen Q auf $\bar{A}$ derart, daß die Faktoralgebra $\bar{A}/Q$ in C liegt, so ist die Produktmenge $\prod\langle \bar{A}_0/Q \mid Q\in E\rangle$ nicht leer, da man für ein $x\in\bar{A}_0$ eine Auswahlfunktion erhält, indem jedem $Q\in E$ die Kongruenzklasse $Q(x)$ von x zugeordnet wird. Also ist auch das Produkt aller Algebren $\bar{A}/Q$, $Q\in E$, nicht leer, und man erhält die gesuchte Algebra gemäß der Konstruktion aus (2.2.8).

Sei von nun an Δ ein finitärer Typ, K eine Kategorie, erzeugt von einer gegen Subalgebren, Produkte und Isomorphismen abgeschlossenen Klasse von Algebren vom Typ Δ, die mindestens eine nicht singuläre Algebra enthält; sei F der Projektionsfunktor von K in die Kategorie L aller Mengen. Dann ist F Birkhoffsch im Sinne von (3.2.1). Sei nämlich $\bar{A}$ frei erzeugt von Y, $\bar{A}_0$ der Träger von $\bar{A}$, seien A, B Algebren aus $ob(K)$ mit Trägern A_0, B_0 und sei g ein surjektiver Homomorphismus von A auf B. Ist R eine Kongruenzrelation auf $\bar{A}$, so gilt R etwa in A genau dann, wenn jede einzelne Gleichung $\langle\lambda, \mu\rangle$ aus R in A gilt; es genügt daher zu zeigen: wenn $\langle\lambda, \mu\rangle\in\bar{A}_0\times\bar{A}_0$ und $\langle\lambda, \mu\rangle$ gilt in A, so auch $\langle\lambda, \mu\rangle$ gilt in B. Wie in (1.3.2) bemerkt, existieren bei finitärem Δ auch ohne (AC) endliche Teilmengen X_λ, X_μ von Y mit $\lambda\in[X_\lambda]$, $\mu\in[X_\mu]$; ist f ein Homomorphismus von $\bar{A}$ in B, so ist mit $X_\lambda\cup X_\mu$ auch die Bildmenge $f(X_\lambda\cup X_\mu)$ in B_0 endlich. Daher existiert eine Funktion t von $f(X_\lambda\cup X_\mu)$ in A_0 mit $g(t(b))=b$ für $b\in f(X_\lambda\cup X_\mu)$; man bestimme einen Homomorphismus $\bar{f}$ von $\bar{A}$ in A, indem man $\bar{f}(x)=t(f(x))$ für $x\in X_\lambda\cup X_\mu$ festlegt und $\bar{f}$ auf dem Rest von Y beliebig vorgibt, etwa mit einem konstanten Wert. Die Homomorphismen f und $g\bar{f}$

stimmen auf $X_\lambda \cup X_\mu$, also auch auf $[X_\lambda \cup X_\mu]$ überein; da λ und μ zu dieser Subalgebra gehören und nach Voraussetzung $\bar{f}(\lambda) = \bar{f}(\mu)$ gilt, folgt $f(\lambda) = f(\mu)$: $\langle \lambda, \mu \rangle$ gilt in B.

Da Δ finitär, ist der Funktor F, wieder nach (1.3.2), auch ohne (AC) ω-überdeckbar. *Unter Berücksichtigung von* (3.5) *sind daher die in* (3.1.2), (3.2.1)–(3.2.5), (3.3.2), (3.3.3), (3.3.6)–(3.3.10) *bewiesenen Sätze für eine solche Kategorie K finitärer Algebren auch ohne (AC) richtig, insbesondere also das Theorem von* BIRKHOFF. Allerdings kann man in (3.3.9) statt von Kardinalzahlen nur mehr von Mächtigkeiten sprechen. Von den drei in (3.3.11) bewiesenen Inklusionen läßt sich ohne (AC) immer noch $\mathsf{So}(\mathsf{Qo}(C)) \subseteq \mathsf{Qo}(\mathsf{So}(C))$ auf eine direkte Art beweisen. In (3.3.12) bleiben zunächst nur die nicht mit (3.3.11) begründeten Sätze erhalten. *Es gelten aber ohne (AC) auch die in* (3.3.13) *bewiesenen Sätze, insbesondere also der Satz von* TARSKI *über funktional freie Algebren.* Denn sind V und W Mengen, so sind die Projektionen t und s von $V \times W$ auf V und W surjektiv.

Als Anwendung findet man, daß ohne (AC) jedenfalls jede Boolesche Algebra homomorphes Bild eines Mengenkörpers ist. Dies folgt aus (3.3.13) und der Beobachtung von TARSKI [55], daß auch ohne (AC) die Boolesche Algebra 2 funktional frei in der Klasse aller Booleschen Algebren ist. Man kann auch direkt schließen, weil (i) jede endliche Boolesche Algebra b atomistisch, also einem Mengenkörper isomorph ist: $b \in \mathsf{So}(\mathsf{Po}(\{2\}))$, (ii) jede endlich erzeugte Boolesche Algebra schon endlich ist, (iii) die Klasse $\mathsf{Qo}(\mathsf{So}(\mathsf{Po}(\{2\}))) = ob(q(\{2\}))$ ω-induktiv ist.

Sei weiterhin K eine Kategorie finitärer Algebren wie angegeben; dann ist F Neumannsch im Sinne von (3.4.1). Sei nämlich $\bar{A}$ frei erzeugt von Y, $\bar{A}_0$ der Träger von A, sei R eine vollinvariante Kongruenzrelation auf A, so daß der natürliche Epimorphismus q von $\bar{A}$ auf $\bar{A}/R$ vollinvariant ist; es ist zu zeigen, daß jede Gleichung $\langle \lambda, \mu \rangle$ aus R auch in $\bar{A}/R$ gilt. Sei dazu h ein Homomorphismus von $\bar{A}$ in $\bar{A}/R$; man bestimme endliche Teilmengen X_λ, X_μ von Y mit $\lambda \in [X_\lambda]$, $\mu \in [X_\mu]$. Dann existiert eine Funktion t von der endlichen Menge $h(X_\lambda \cup X_\mu)$ in A_0 mit $q(t(b)) = b$ für $b \in h(X_\lambda \cup X_\mu)$; man bestimme einen Homomorphismus g von $\bar{A}$ in sich, indem man $g(x) = t(h(x))$ für $x \in X_\lambda \cup X_\mu$ festlegt und g auf dem Rest von Y beliebig vorgibt. Die Homomorphismen qg und h stimmen auf $X_\lambda \cup X_\mu$ überein, also auch auf $[X_\lambda \cup X_\mu]$. Da λ und μ zu dieser Subalgebra gehören, folgt $qg(\lambda) = h(\lambda)$, $qg(\mu) = h(\mu)$; da R vollinvariant, folgt aus $\langle\lambda, \mu\rangle \in R$ aber $\langle g(\lambda), g(\mu)\rangle \in R$, also $qg(\lambda) = qg(\mu)$, weshalb $h(\lambda) = h(\mu)$. — Für die Kategorie K gelten daher die in in (3.4.1)—(3.4.3) bewiesenen Sätze auch ohne (AC). Weiter gilt dann unverändert auch der aus diesen Sätzen in (3.4.4) hergeleitete *Kompaktheitssatz der Gleichungstheorie finitärer Algebren:*

Sei K die Kategorie aller Algebren eines finitären Typs Δ, sei M eine Menge von Gleichungen. Folgt eine Gleichung σ logisch aus M, so existiert eine endliche Teilmenge M' von M, aus der σ folgt. — Eine Algebra A aus $ob(K)$ heißt auch *Modell* einer Menge M von Gleichungen, wenn jede Gleichung aus M in A gilt; damit erhält man ohne (AC): *ist M eine Menge von Gleichungen und besitzt jede endliche Teilmenge von M ein nicht singuläres Modell, so besitzt M selbst ein nicht singuläres Modell.* Denn ist $\bar{A}$ eine von Y absolut frei erzeugte Algebra und sind x, y verschiedene Elemente von Y, so ist es für eine Menge $M \subseteq \bar{A}_0 \times \bar{A}_0$ gleichbedeutend, daß M nur singuläre Modelle besitzt oder daß aus M die Gleichung $\langle x, y\rangle$ logisch folgt.

Literatur

[1] BENABOU, J.: Critères de représentabilité des foncteurs. C. R. Acad. Sci. (Paris) **260**, 752—755 (1965).

[2] BIRKHOFF, G.: On the structure of abstract algebras. Proc. Cambridge Phil. Soc. **31**, 433—454 (1935).

[3] — Lattice theory. Rev. ed. New York 1948.

[4] BOURBAKI, N.: Théorie des ensembles, chap. 4. Structures. Paris 1957.

[5] CHANG, C. C.: Some general theorems on direct products and their applications in the theory of models. Indagationes Math. **16**, 592—598 (1954).

[6] — H. RUBIN, and A. TARSKI: A characterization of equational classes of algebras with finitary operations. Bull. Amer. Math. Soc. **60**, 76 (1954).

[7] CHRISTENSEN, D. J., and R. S. PIERCE: Free products of α-distributive Boolean algebras. Math. Scand **7**, 81—105 (1959).

[8] CRAWLEY, P. L., and R. A. DEAN: Free lattices with infinite operations. Trans. Amer. Math. Soc. **92**, 35—47 (1959).

[9] DIENER, K. H.: Zur Theorie der absolut freien und verwandter Algebren. Diss. Köln 1963.

[10] DRBOHLAV, K.: A note on epimorphisms in algebraic categories. Comment. Math. Univ. Carolinae **4**, 81—85 (1963).

[11] DWINGER, P., and F. M. YAQUB: Generalized free products of Boolean algebras with amalgamated subalgebra. Indagationes Math. **25**, 225—231 (1963).

[12] — — Free extensions of sets of Boolean algebras. Indagationes Math. **26**, 567—577 (1964).

[13] ECKMANN, B., and P. J. HILTON: Group-like structures in general categories. II. Equalizers, limits, length. Math. Ann. **151**, 150—186 (1962).

[14] EHRESMANN, C.: Gattungen lokaler Strukturen. Jahresber. Deutsch. Math. Verein. **60**, 49—77 (1957).

[15] FELSCHER, W., and G. JARFE: Free structures and categories. in: Proc. of the internat. Symposium on the theory of models Berkeley 1963 (im Druck).

[16] FLEISCHER, I.: Sur le problème d'application universelle de M. Bourbaki. C. R. Acad. Sci. (Paris) **254**, 3161—3163 (1962).

[17] FREYD, P. J.: Functor theory. Thesis Princeton 1960.

[18] — Abelian Categories. New York 1964.

[19] HEWITT, G. C.: The existence of free unions in classes of abstract algebras. Proc. Amer. Math. Soc. **14**, 417—422 (1963).

[20] HOFMANN, F.: Über eine die Kategorie der Gruppen umfassende Kategorie. Sitzungsber. Bayer. Akad. Wiss., Math.-nat. Kl. **1960**, 163—204.

[21] HUŠEK, M.: S-categories. Comment. Math. Univ. Carolinae **5**, 37—46 (1964).

[22] ISBELL, J. R.: Some remarks concerning categories and subspaces. Canad. J. Math. **9**, 563—577 (1957).

[23] — Subobjects, adequacy, completeness and categories of algebras. Rozprawy Matematyczne **36**. Warszawa 1964.

[24] JÓNSSON, B.: Universal relational systems. Math. Scand. **4**, 193—208 (1956).

[25] — Sublattices of a free lattice. Canad. J. Math. **13**, 256—264 (1961).

[26] — Algebraic extensions of relational systems. Math. Scand. **11**, 179—205 (1962).

[27] KAN, D. M.: Adjoint functors. Trans. Amer. Math. Soc. **87**, 294—329 (1957).

[28] KELLEY, J. L.: General topology. Princeton 1955.

[29] KERKHOFF, R.: Eine Konstruktion absolut freier Algebren. Math. Ann. **158**, 109—112 (1965).

[30] KERSTAN, J.: Tensorielle Erweiterungen distributiver Verbände. Math. Nachr. **22**, 1—20 (1960).

[31] KRISHNAN, V. S.: Les algèbres partiellement ordonnées et leurs extensions. L'équivalence de quelques représentations d'une structure abstraite. Bull. Soc. Math. France **79**, 106—119 (1951).

[32] — Closure operations on c-structures. Indagationes Math. **15**, 317—329 (1953).

[33] KUROŠ, A. G., A. H. LIVŠIC, E. G. ŠULGEIFER u. M. S. CALENKO: Grundlagen der Theorie der Kategorien [Russisch]. Uspekhi Mat. Nauk **15**, No. 6, 3—52, 53—58 (1960) (Deutsch: Zur Theorie der Kategorien, Berlin 1963).

[34] LAWVERE, F. W.: Functorial semantics of algebraic theories. Thesis Columbia 1963.

[35] MALCEV, A. I.: Freie topologische Algebren. Izv. Akad. Nauk S.S.S.R., Ser. Mat. **21**, 171—198 (1957) [Russisch]. (Englisch: Amer. Math. Soc. Translations, Ser. II **17**, 173—200 (1961).)

[36] — Definierende Relationen in Kategorien [Russisch]. Doklady Akad. Nauk S.S.S.R. **119**, 1095—1098 (1958).

[37] MARANDA, J. M.: Some remarks on limits in categories. Canad. Math. Bull. **5**, 133—146 (1962).

[38] NEUMANN, B. H.: Special topics in algebra. Universal algebra. Lecture notes, New York University 1962.

[39] PIERCE, R. S.: Distributivity and the normal completion of Boolean algebras. Pacific J. Math. **8**, 133—140 (1958).

[40] — A note on free products of abstract algebras. Indagationes Math. **25**, 401—407 (1963).

[41] PUPIER, R.: Sur les décompositions de morphismes dans les catégories à sommes ou à produits fibrés. C. R. Acad. Sci. (Paris) **258**, 6317—6319 (1964).

[42] RUBIN, H., and J. RUBIN: Equivalents of the Axiom of Choice. Amsterdam 1963.

[43] SCHMIDT, J.: Algebraic operations and algebraic independence in algebras with infinitary operations. Math. Japonicae **6**, 77—112 (1962).

[44] — Die überinvarianten und verwandte Kongruenzrelationen einer allgemeinen Algebra. Math. Ann. **158**, 131—157 (1965).

[45] — Über die Dimension einer partiellen Algebra mit endlichen oder unendlichen Operationen. Z. math. Logik Grundlagen d. Math. **11**, 227—329 (1965).

[46] SEMADENI, Z.: Projectivity, injectivity and duality. Rozprawy Matematyczne **35**. Warszawa 1963.

[47] SIKORSKI, R.: Products of abstract algebras. Fund. Math. **39**, 211—228 (1952).

[48] — Boolean algebras, second ed. Berlin 1964.

[49] SŁOMINSKI, J.: The theory of abstractalgebras with infinitary operations. Rozprawy Matematyczne **18**. Warszawa 1959.

[50] SONNER, J.: Universal and special problems. Math. Z. **82**, 200—211 (1963).

[51] — Universal solutions and adjoint homomorphisms. Math. Z. **86**, 14—20 (1964).

[52] SWIERCZKOWSKI, S.: Topologies in free algebras. Proc. London Math. Soc. ,Ser. III **14**, 566—576 (1964).

[53] TARSKI, A.: A remark on functionally free algebras. Ann. of Math. **47**, 163—165 (1946).

[54] — Contributions to the theory of models III. Indagationes Math. **17**, 56—64 (1955).

[55] — Metamathematical proofs of some representation theorems for Boolean algebras. Bull. Amer. Math. Soc. **61**, 523 (1955).

[56] YAQUB, F. M.: Free extensions of Boolean algebras. Pacific J. Math. **13**, 761—771 (1963).

Dem Verfasser wurde nachträglich bekannt, daß der in dieser Arbeit als von BOURBAKI [4] stammend zitierte Existenzsatz für freie Strukturen (vgl. 2.2.6) im wesentlichen schon zu finden ist bei P. SAMUEL: On universal mappings and free topological groups. Bull. Amer. Math. Soc. **54**, 591—598 (1948). Dort wird dann auch implizite bereits mit Systemen von Strukturen im Sinne von BOURBAKI gearbeitet.

Weiter kam dem Verfasser nach Fertigstellung des Manuskriptes zur Kenntnis die Arbeit von K. DRBOHLAV: A categorial generalization of a theorem of G. Birkhoff on primitive classes of universal algebras. Comment. Math. Univ. Carolinae **6**, No 1, 21—41 (1965). Dort wird, ähnlich wie im Teil 3 der vorliegenden Arbeit, das Theorem von BIRKHOFF [2] verallgemeinert zu einem abstrakten Satze, nach welchem in gewissen Kategorien K genau die primitiven Klassen die durch Gleichungen zu definierenden sind. Im Unterschied zu der vorliegenden Arbeit, in der dabei wesentlich Eigenschaften eines Funktors F von K in eine weitere Kategorien L verwendet werden, wird von DROBHLAV die ganze Untersuchung innerhalb der Kategorie K vorgenommen. Auf sehr geistvolle Weise gelingt es dann, hinreichende Bedingungen an K allein zu formulieren, die dasselbe leisten wie die hier verwendete u-Überdeckbarkeit von F: sie haben das abstrakte Birkhoffsche Theorem zur Folge und treffen auch für Kategorien K von Algebren zu. Der Verzicht auf die Betrachtung des Funktors F bringt es dabei mit sich, daß von freien Paaren nicht mehr gesprochen werden kann; ihre Rolle übernehmen die projektiven Elemente, und wie schon SCHMIDT [44] bemerkt hat, läßt sich in Kategorien von Algebren in diesem Zusammenhange der Gebrauch freier Algebren stets durch den von projektiven Algebren ersetzen. Der Preis für diese größere Allgemeinheit besteht jedoch darin, daß in alle so bewiesenen Sätze das Auswahlaxiom eingeht: daß eine freie Algebra projektiv sei, läßt sich auch bei finitären Algebren im allgemeinen nicht ohne das Auswahlaxiom zeigen.

Sitzungsberichte

der

Heidelberger Akademie der Wissenschaften

Mathematisch-naturwissenschaftliche Klasse

Jahrgang 1965

Heidelberg 1965
Springer-Verlag

ISBN-13: 978-3-540-03402-5 e-ISBN-13: 978-3-642-46024-1
DOI: 10.1007/978-3-642-46024-1

Druck der Universitätsdruckerei H. Stürtz AG, Würzburg

INHALT

Jahrgang 1965

Inhalt des Jahrgangs 1950:

1. W. Troll und W. Rauh. Das Erstarkungswachstum krautiger Dikotylen, mit besonderer Berücksichtigung der primären Verdickungsvorgänge. DM 13.40.
2. A. Mittasch. Friedrich Nietzsches Naturbeflissenheit. DM 8.80.
3. W. Bothe. Theorie des Doppellinsen-β-Spektrometers. DM 1.90.
4. W. Graeub. Die semilinearen Abbildungen. DM 7.20.
5. H. Steinwedel. Zur Strahlungsrückwirkung in der klassischen Mesonentheorie. — Die klassische Mesondynamik als Fernwirkungstheorie. DM 1.80.
6. B. Haccius. Weitere Untersuchungen zum Verständnis der zerstreuten Blattstellungen bei den Dikotylen. DM 6.20.
7. Y. Reenpää. Die Dualität des Verstandes. DM 6.80.
8. Petersson. Konstruktion der Modulformen und der zu gewissen Grenzkreisgruppen gehörigen automorphen Formen von positiver reeller Dimension und die vollständige Bestimmung ihrer Fourierkoeffizienten. DM 9.80.

Inhalt des Jahrgangs 1951:

1. A. Mittasch. Wilhelm Ostwalds Auslösungslehre. DM 11.20.
2. F. G. Houtermans. Über ein neues Verfahren zur Durchführung chemischer Altersbestimmungen nach der Blei-Methode. DM 1.80.
3. W. Rauh und H. Reznik. Histogenetische Untersuchungen an Blüten- und Infloreszenzachsen sowie der Blütenachsen einiger Rosoideen, I. Teil. DM 10.—.
4. G. Buchloh. Symmetrie und Verzweigung der Lebermoose. Ein Beitrag zur Kenntnis ihrer Wuchsformen. DM 10.—.
5. L. Koester und H. Maier-Leibnitz. Genaue Zählung von β-Strahlen mit Proportionalzählrohren. DM 2.25.
6. L. Heffter. Zur Begründung der Funktionentheorie. DM 2.30.
7. W. Bothe. Die Streuung von Elektronen in schrägen Folien. DM 2.40.

Inhalt des Jahrgangs 1952:

1. W. Rauh. Vegetationsstudien im Hohen Atlas und dessen Vorland. DM 17.80.
2. E. Rodenwaldt. Pest in Venedig 1575—1577. Ein Beitrag zur Frage der Infektkette bei den Pestepidemien West-Europas. DM 28.—.
3. E. Nickel. Die petrogenetische Stellung der Tromm zwischen Bergsträßer und Böllsteiner Odenwald. DM 20.40.

Inhalt des Jahrgangs 1953/1955:

1. Y. Reenpää. Über die Struktur der Sinnesmannigfaltigkeit und der Reizbegriffe. DM 3.50.
2. A. Seybold. Untersuchungen über den Farbwechsel von Blumenblättern, Früchten und Samenschalen. DM 13.90.
3. K. Freudenberg und G. Schuhmacher. Die Ultraviolett-Absorptionsspektren von künstlichem und natürlichem Lignin sowie von Modellverbindungen. DM 7.20.
4. W. Roelcke. Über die Wellengleichung bei Grenzkreisgruppen erster Art. DM 24.30.

Inhalt des Jahrgangs 1956/1957:

1. E. Rodenwaldt. Die Gesundheitsgesetzgebung des Magistrato della sanità Venedigs 1486—1550. DM 13.—.
2. H. Reznik. Untersuchungen über die physiologische Bedeutung der chymochromen Farbstoffe. DM 16.80.
3. G. Hieronymi. Über den alternsbedingten Formwandel elastischer und muskulärer Arterien. DM 23.—.
4. Symposium über Probleme der Spektralphotometrie. Herausgegeben von H. Kienle. DM 14.60.